郑州市水资源开发利用及保护对策研究

李纯洁　胡　珊　著

黄 河 水 利 出 版 社
·郑　州·

内 容 提 要

水是生命之源、生产之要、生态之基。随着经济社会的发展,我国水资源形势依然严峻,在接下来的一个时期,水利工作须认真贯彻习近平总书记强调的生态文明思想和"节水优先、空间均衡、系统治理、两手发力"的治水方针,推动水资源的节约、保护和管理。

本书分析了郑州市水资源及其开发利用现状,并提出区域水资源开发利用存在的问题;按经济社会发展和环境改善要求,在水资源节约和保护的基础上,科学预测各规划水平年的水资源需求;客观分析不同水平年的水资源供需情况;提出生活、生产和生态用水的优化配置方案;提出水资源保护、调度和管理对策。

本书以区域实例来开展水资源开发利用及其保护对策研究,可供相关专业领域的技术人员和管理人员参考。

图书在版编目(CIP)数据

郑州市水资源开发利用及保护对策研究/李纯洁,胡珊著.—郑州:黄河水利出版社,2020.8
ISBN 978-7-5509-2791-9

Ⅰ.①郑… Ⅱ.①李…②胡… Ⅲ.①水资源开发-研究-郑州 ②水资源利用-研究-郑州 ③水资源保护-研究-郑州 Ⅳ.①TV213

中国版本图书馆 CIP 数据核字(2020)第 160481 号

出 版 社:黄河水利出版社 网址:www.yrcp.com
地址:河南省郑州市顺河路黄委会综合楼 14 层 邮政编码:450003
发行单位:黄河水利出版社
发行部电话:0371-66026940、66020550、66028024、66022620(传真)
E-mail:hhslcbs@126.com
承印单位:河南瑞之光印刷股份有限公司
开本:787 mm×1 092 mm 1/16
印张:11.5
字数:206 千字
版次:2020 年 8 月第 1 版 印次:2020 年 8 月第 1 次印刷

定价:49.00 元

前　言

水是生命之源、生产之要、生态之基。兴水利、除水害，事关人类生存、经济发展、社会进步，历来是治国安邦的大事。《易经》云，“天生一，一生水，水生万物”。无论是鸿蒙初辟、筚路蓝缕的远古时期，还是在科技昌明、经济繁荣的现代社会，人类都在不断寻求和谐的人水相处之道。

近年来，随着人口的不断增长和经济社会的迅速发展，用水需求不断增加，废水、污水的排放也不断增加，水资源与经济社会可持续发展、生态环境保护和生态文明建设之间的不协调关系十分突出。我国的水资源形势依然严峻，治水的主要矛盾已经从人民群众对除水害、兴水利的需求与水利工程能力不足的矛盾，转变为人民群众对水资源、水生态、水环境的需求与水利行业监管能力不足的矛盾。水利部在深入学习习近平总书记治水重要论述精神、深刻分析我国治水矛盾变化的基础上，提出了“水利工程补短板、水利行业强监管”的工作总基调，明确了今后一个时期水利改革发展的着力点。在接下来的一个时期，水利工作须认真贯彻习近平总书记强调的生态文明思想和“节水优先、空间均衡、系统治理、两手发力”的治水方针，推动水资源的节约、保护和管理。要坚持以水定城、以水定地、以水定人、以水定产，把水资源作为最大的刚性约束，合理规划人口、城市和产业发展，坚决抑制不合理用水需求，大力发展节水产业和技术，大力推进农业节水，实施全社会节水行动，推动用水方式由粗放向节约、集约转变。

河南省人民政府以豫政〔2018〕31号文发布了《关于实施四水同治 加快推进新时代水利现代化的意见》，指出全省水利工作要以习近平新时代中国特色社会主义思想为指导，全面贯彻党的十九大精神，紧紧围绕统筹推进“五位一体”总体布局和协调推进“四个全面”战略布局，深入落实十六字治水方针和水资源、水生态、水环境、水灾害统筹治理的治水新思路，以着力解决水资源保护、开发、利用的不平衡、不充分问题为主线，以全面保障水安全为目标，以“一纵三横六区”水资源均衡配置为总体布局，以全面深化改革和科技创新为动力，扎实推进河长制、湖长制落实，实行最严格的水资源管理制度，实施国家节水行动，加快重大水利工程建设，持续提升水资源配置、水生态修复、水环境治理、水灾害防治能力，以水资源的可持续高效利用助推全省经济高质量发展。

郑州市地处中华腹地,是河南省省会,亦是全省的政治、经济、文化、金融、科教中心。2016 年 12 月,国务院正式批复支持郑州建设国家中心城市,郑州要在全国建设中发挥示范带动作用,担负着重大使命和任务,水利作为重要的经济社会基础设施,也必将面临巨大挑战。然而,郑州市水资源短缺、时空分布不均,全市人均水资源占有量不足全国的十分之一,水资源已成为郑州市快速发展的关键制约要素。郑州市属于水源型缺水和水质型缺水城市,长期存在着生活与工业用水短缺、生态用水匮乏、地下水超采严重、水环境恶化等问题。当前,中国特色社会主义进入新时代,治水的主要矛盾和治水思路发生了转变,治水兴水迎来了难得的战略新机遇。郑州市在水资源开发利用和保护对策的研究过程中要认真贯彻中央关于新时期治水的方针政策,全面落实可持续发展战略和最严格水资源管理制度的要求,抓住郑州市国家中心城市建设的机遇,适应郑州市经济社会发展和水资源形势的变化,着力缓解新时期水资源供需矛盾、水生态环境恶化、水利行业监管能力不足等重大水问题,加快实施四水同治,推进水利现代化,为中原更加出彩提供坚实的水安全保障。

作 者

2020 年 3 月

目　录

第 1 章　区域概况

1.1　自然概况

1.1.1　地理位置

郑州市是河南省省会,位于河南省中部偏北,东经 112°42′~114°14′,北纬 34°16′~34°58′,北临黄河,西依洛阳,东南为广阔的黄淮平原(见图 1-1)。郑州市地处中华腹地,古称商都,今为绿城。郑州市地处国家“两横三纵”城市化战略格局中陆桥通道和京哈京广通道的交会处,历来是中国铁路、公路、航空、通信兼具的综合交通枢纽,是中国商品集散中心地之一,也是国家中心城市和国家历史文化名城。

1.1.2　地形地貌

郑州市地形比较复杂,总趋势是西南高、东北低(见图 1-2)。西南部登封市境内玉寨峰海拔为 1 512 m,中部低山丘陵区海拔一般为 150~300 m,东部平原地势平坦,海拔一般小于 100 m,最低处只有 72 m,境内最大高差为 1 440 m。

郑州市地貌横跨我国第二级和第三级地貌台阶。西南部嵩山属第二级地貌台阶前缘,东部黄淮平原为第三级地貌台阶后部,山地与平原之间的低山丘陵地带则构成第二级地貌台阶向第三级地貌台阶的过渡地区。郑州山区面积为 2 375.4 km^2,占总面积的 31.6%;丘陵区面积为 2 256.2 km^2,占总面积的 30.0%;平原区面积为 2 879.7 km^2,占总面积的 38.4%。根据地貌特征和成因,全市可划分为 5 个地貌小区,分述如下。

1.1.2.1　东北平原洼区

历史上黄河多次泛滥,河道变迁,形成黄河冲积扇形平原洼区。从郑州北郊邙山头起,沿京广路至市区,再沿东南方向至中牟芦医庙、黄店联线以东以北,为东北平原洼区。该区地面高程为 75~100 m,地面坡降为 1/2 000~1/4 000,水利条件优越,是全市渔业生产基地。

图 1-1 郑州市地理位置

1.1.2.2 **东南沙丘垄岗区**

该区沿京广铁路以东至郑州、黄店联线为沙丘垄岗区,系由黄河泛滥时携带的沙土,经风力搬运,遇障碍物堆积而成。区内的沙丘、沙垄多呈西南—东北向或东西向延伸的新月牙形。区内地面起伏大,岗洼相间,地面高程在 100~140 m。该区丘间洼地浅平,土质为沙壤土,雨季有积水现象。

1.1.2.3 **冲积倾斜平原区**

该区沿京广铁路以西,西南山地丘陵以东地区,范围包括荥阳的高山、丁店水库以北,二七区侯寨、刘胡垌和新郑龙湖、郭店,新密曲梁、大隗以东,以及巩义的伊洛河冲积平原。该区是山地向平原的过渡地带,是由季节性河流冲刷堆积而成的。地面高程一般在 100~200 m,地面坡降为 1/300~1/1 000,地势由西南向东北倾斜。

1.1.2.4 **低山丘陵区**

该区范围包括登封、巩义和新密大部分,荥阳南部、市区北部的黄河南岸,以及市区西南和新郑龙湖、千户寨以西地区。区内冲沟发育、沟壑纵横,沟深为30~60 m,呈“V”字形状。地面起伏很大,地面高程在200~700 m。

1.1.2.5　西南部群山区

该区范围主要指登封、巩义、荥阳、新密、新郑五市边界之间,由嵩山、箕山、五指岭诸山组成。该区著名山峰有嵩山少室山主峰,以及太室山、老婆寨、风后岭等,以上群山属外方山脉的东延部分,海拔在500~1 500 m。该区土质复杂、荒山薄岭、植被很少、水土流失严重,不宜耕作。

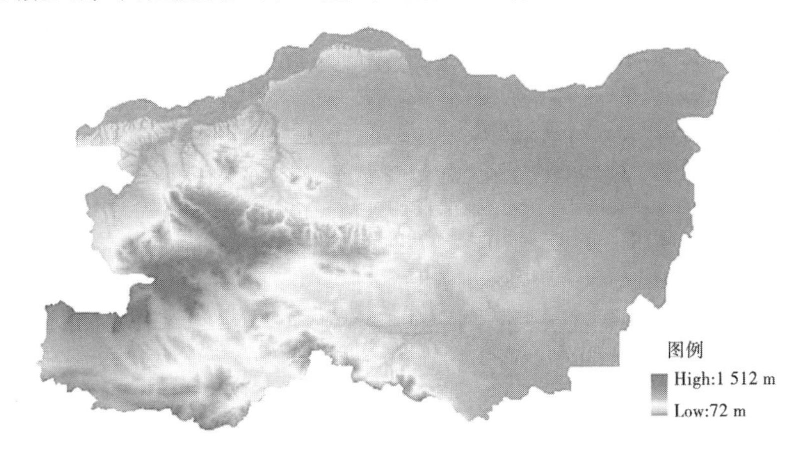

图1-2　郑州市地形地貌

1.1.3　水文地质

郑州市全域分嵩箕山侵蚀构造中低山裂隙岩溶水水文地质区、伊洛河断陷盆地冲洪积孔隙水水文地质区、嵩箕山前冲洪积倾斜平原孔隙水水文地质区及黄河冲积平原孔隙水水文地质区四部分,具体分布情况见表1-1。

表1-1　郑州市水文地质分布情况

序号	分区名称	面积(km^2)	占全市总面积(%)	分布位置
1	嵩箕山侵蚀构造中低山裂隙岩溶水水文地质区	2 926.5	39.3	登封全部,巩义南部,荥阳西南部,新密山区
2	伊洛河断陷盆地冲洪积孔隙水文地质区	134.0	1.8	巩义西北部、南河渡及康店乡

续表 1-1

序号	分区名称	面积(km^2)	占全市总面积(%)	分布位置
3	嵩箕山前冲洪积倾斜平原孔隙水水文地质区	2 799.8	37.6	荥阳,新郑,中原区大部,巩义北部,新密东部,惠济区西部,二七区西部,中牟县西南部
4	黄河冲积平原孔隙水水文地质区	1 586.0	21.3	金水区、管城区全部,惠济区东部及中牟大部
合计		7 446.3	100	—

1.1.4 气候特征

郑州市属暖温带半湿润大陆性季风气候,其特点是春夏秋冬四季分明,春季多风沙,夏季炎热、暴雨集中,秋季凉爽多晴,冬季天冷少雪。多年平均气温 14.2 ℃,最高气温 43.2 ℃,最低气温-15.4 ℃。多年平均降水量为 624.3 mm,年降雨量分配不均。冬季干旱、雨雪稀少,1 月降水量最少,为 5~9 mm。夏季降雨集中,7 月降水量最多,为 140~160 mm。7~9 月的降水量约占全年降水量的 70%,且多以暴雨形式出现。年平均日照 2 440 h,全年无霜期 224 d 左右。

1.1.5 河流水系

郑州市地跨黄河、淮河两大流域(见图 1-3)。黄河流域包括巩义市、上街区全部,荥阳市、惠济区一部分,金水区一小部分及中牟县、新密市、登封市一小部分,面积为 2 011.8 km^2,占全市总面积的 27%。淮河流域包括新郑市、中原区、二七区、管城区全部,新密市、登封市、荥阳市、中牟县、金水区和惠济区的大部分,面积为 5 434.5 km^2,占全市总面积的 73%。郑州市有大小河流 124 条,流域面积较大($\geq$100 km^2)的河流有 29 条。过境河流有黄河、洛河。

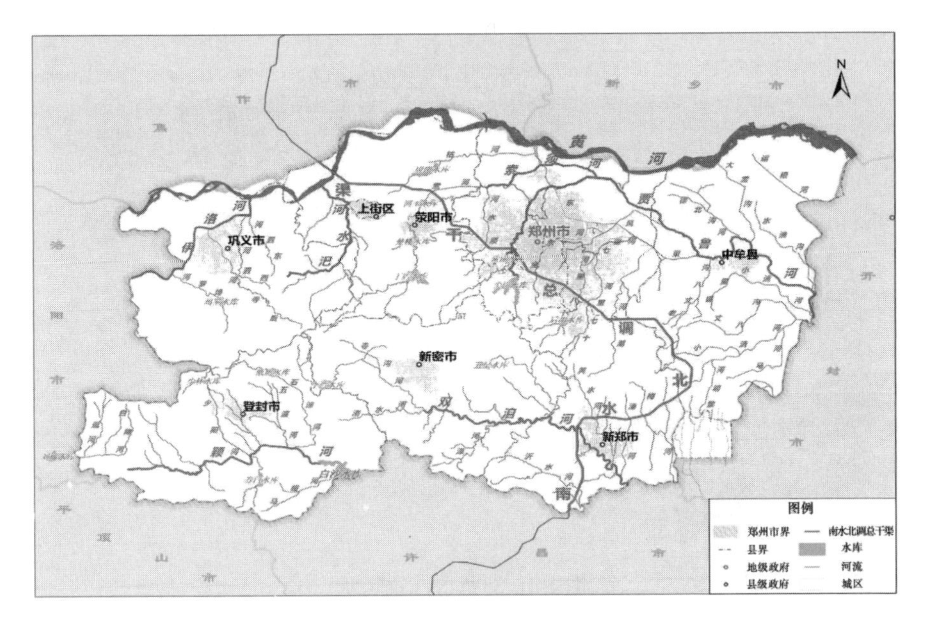

图 1-3　郑州市河流水系

1.2　社会经济概况

1.2.1　行政区划

郑州市于 1928 年 3 月建市，现辖 6 区(中原区、二七区、管城区、金水区、惠济区、上街区)、5 市(巩义市、登封市、荥阳市、新密市、新郑市)、1 县(中牟县)，以及郑州航空港经济综合实验区(简称“航空城”)、郑东新区、郑州经济技术开发区(简称郑州经开区)、郑州高新技术产业开发区(简称郑州高新区)，如图 1-4 所示。

1.2.2　人口

中华人民共和国成立以来，郑州市人口总量持续增长。20 世纪 50 年代，人口增长较快，1949~1959 年的年均增长率达 4.34%；20 世纪 60 年代，人口发展趋于平缓，1959~1969 年的年均增长率达 1.64%；20 世纪 70 年代以后，郑州开始全面贯彻执行计划生育政策，人口增长逐步放缓，1969~2000 年的年均增长率达 1.85%。进入 21 世纪，郑州城市规模不断扩大，经济快速发展，郑州市

图 1-4 郑州市行政区划

人口也随之快速增长,2000~2017 年,郑州市人口年均增长率达 2.35%,平均每年增加近 20 万人。郑州市不同年代的人口变化情况见表 1-2。

表 1-2 郑州市不同年代的人口变化情况

人口统计指标	1949 年	1959 年	1969 年	1979 年	1990 年	2000 年	2005 年	2010 年	2017 年
总人口数(万人)	209.9	321.1	377.8	444.8	557.8	665.9	716.0	866.1	988.1
年均增长率(%)	—	4.34	1.64	1.65	2.08	1.79	1.46	3.88	1.90

根据《2017 年郑州市国民经济和社会发展统计公报》,2017 年全市年末总人口数为 988.1 万人,比上年增长 1.6%。其中女性为 484 万人,比上年增长 2%;男性为 504.1 万人,比上年增长 1.3%。城镇人口为 713.7 万人,比上年增长 3.4%;乡村人口为 274.4 万人,比上年下降 2.6%。全市全年出生人口达 12.1万人,比上年增长 4.2%;人口出生率达 12.37‰。死亡人口达 5.5 万人,比上年增长 5.1%;人口死亡率达 5.63‰。全年净增人口为 6.6 万人,比上年增长 3.4%;人口自然增长率达 6.74‰。

1.2.3 经济发展

2017 年,全年完成生产总值 9 130.2 亿元,比上年增长 8.2%;人均生产总值为 93 143 元,比上年增长 6.5%。其中,第一产业增加值为 158.6 亿元,比上年增长 2.6%。第二产业增加值为 4 247.5 亿元,比上年增长 7.6%;其中全部工业增加值为 3 683.5 亿元,比上年增长 7.4%;建筑业增加值为 566.2 亿元,比上年增长 9.3%。第三产业增加值为 4 724.1 亿元,比上年增长 9.0%。交通运输、仓储和邮政业增加值为 486.8 亿元,比上年增长 10.1%;批发和零售业增加值为 660.1 亿元,比上年增长 5.9%;住宿和餐饮业增加值为 297.9 亿元,比上年增长 6.4%;金融业增加值为 986.1 亿元,比上年增长 7.1%;房地产业增加值为 569.7 亿元,比上年增长 4.6%;营利性服务业增加值为 800 亿元,比上年增长 20%;非营利性服务业增加值为 917.8 亿元,比上年增长 7.1%。非公有制经济完成增加值为 5 380.2 亿元,比上年增长 7.9%,占生产总值的比重为 58.9%。

1.2.4　工业生产

近几年来,郑州市在纺织、机械、建材、耐火材料、能源和原辅材料等工业产业上具有明显优势,主导产业有电子信息、汽车及装备制造、生物及医药、新材料、铝及铝精深加工、现代食品制造、品牌服装及家居制造。"十三五"期间,郑州市全面实施中国制造 2025 郑州行动,坚持制造强市战略,优化工业结构布局,突出转型提质增效,持续以电子信息和汽车装备制造业为战略支撑产业,加快战略支撑产业和战略新兴产业向高端突破,着力构建创新驱动、集约高效、核心竞争力的新型工业体系。

2017 年,全年规模以上工业企业完成增加值 3 191.3 亿元,比上年增长 7. 8%;其中高技术产业完成增加值 407.1 亿元,比上年增长 19.9%。分经济类型看,国有企业完成增加值 461.5 亿元,比上年增长 14.4%;集体企业完成增加值 23.3 亿元,比上年增长 9.8%;股份制企业完成增加值 2 171.7 亿元,比上年增长 7.8%;其他类型完成增加值 119.8 亿元,比上年增长 1.8%。分轻重工业看,轻工业完成增加值 814 亿元,比上年增长 11.3%;重工业完成增加值 2 377.3亿元,比上年增长 6.9%。七大主导产业完成增加值 2 263.1 亿元,比上年增长 10.5%;总量占规模以上工业增加值的 70.9%。

2017 年,全年规模以上工业企业完成主营业务收入达 14 675.4 亿元,比上年增长 9%;实现利税 1 447.7 亿元,比上年增长 2.6%;实现利润 1 050.7 亿元,比上年增长 4.1%;产销率达到 97.9%。

2017 年,全市建筑业完成总产值 3 494.5 亿元,比上年增长 20.9%;完成增加值 566.2 亿元,比上年增长 9.3%。建筑施工企业施工房屋面积达到23 771.3万 m^2,比上年下降 6.1%;竣工房屋面积为 4 409.3 万 m^2,比上年下降 8.7%。

1.2.5 农业生产

2017年,全市粮食总产量为153.2万t,比上年下降4.8%;其中夏粮产量为79.5万t,比上年下降2.8%;秋粮产量为73万t,下降7.8%。全年棉花产量为2 101 t,比上年下降5.5%;油料产量为13.9万t,比上年下降5.8%;蔬菜总产量为240.5万t,比上年下降5.2%;水果总产量为26.9万t,比上年下降1.4%。肉类总产量为23.6万t,比上年下降7.2%;禽蛋产量为15.7万t,比上年下降22.2%;水产品产量为13.8万t,比上年下降8%;牛奶产量为23.3万t,比上年下降27.2%。

2017年,全市粮食作物播种面积为32.12万hm^2,比上年下降5.8%;其中夏粮播种面积16.26万hm^2,比上年下降3.9%;秋粮播种面积15.77万hm^2,比上年下降8.3%。蔬菜种植面积5.95万hm^2,比上年下降4.8%;油料种植面积3.8万hm^2,比上年下降7%;棉花种植面积0.2万hm^2,比上年下降9.7%。

2017年,全市农村用电量为41.4亿kW·h,比上年下降3.2%。化肥施用量为(折纯)20.8万t,比上年下降5.6%。

第2章 指导思想和目标任务

2.1 指导思想和基本原则

2.1.1 指导思想

以习近平生态文明思想为指导，全面贯彻党的十九大和十九届二中、三中、四中全会精神，深入贯彻习近平总书记考察河南、视察黄河重要讲话的指示精神，认真落实郑州市委十一届十一次全会精神，遵循“节水优先、空间均衡、系统治理、两手发力”的新时代治水方针，坚持“水资源、水生态、水环境、水灾害”统筹治理，落实“水利工程补短板、水利行业强监管”的水利改革发展总基调，围绕郑州“东强、南动、西美、北静、中优、外联”的城市发展总体布局，以水生态文明建设为统揽，深入推进水资源节约、集约利用，持续加强水生态环境保护，大力推进资源水利、生态水利和民生水利发展，为郑州国家中心城市高质量建设提供水安全保障和支撑。

2.1.2 基本原则

2.1.2.1 坚持以水而定，量水而行

坚持以水定城、以水定地、以水定人、以水定产，把水资源作为最大的刚性约束，按照“确有需要、生态安全、可以持续”的原则，强化节水优先，全面实施节水行动，落实“全域、全业、全程、全面、全民”五维协同，推进工业、生活、农业、生态全行业深度节水，推动用水方式由粗放向节约、集约转变，建立水资源、水环境与经济社会共赢、共生的发展格局。

2.1.2.2 坚持四水同治，统筹兼顾

贯彻绿水青山就是金山银山的理念，坚持生态优先、绿色发展，深入践行高效利用水资源、系统修复水生态、综合治理水环境、科学防治水灾害的“四水同治”治水思路，坚持系统治理、源头治理，统筹解决水资源、水生态、水环境、水灾害等新老水问题，实现“四水同治”的目标。

2.1.2.3 坚持以人为本，人水和谐

坚持以人民为中心，保障饮水安全、供水安全和生态安全，明确生活用水

的优先次序;坚持人与自然和谐共生,尊重自然规律和经济社会发展的规律,处理好水资源开发利用与节约、保护之间的关系,实现水资源合理有序开发和高效利用,保障水资源与经济社会长期协调发展。

2.1.2.4 坚持因地制宜,突出重点

统筹郑州市各县(区)水资源状况和发展需求,充分考虑各县(区)水资源条件、工程条件、需水增长、发展定位,因地制宜地提出水资源治理及管理对策。

2.1.2.5 坚持科技兴水、科学治水的原则

利用现代化的技术手段、技术方法和规划思想,科学治理水问题,建立地下水利用与保护的长效机制。

2.1.2.6 坚持政府主导,体现社会协同作用

充分发挥政府的主导作用,加大水资源法律的约束力度,加强社会公众的参与与监督程度,增加公共财政投入,鼓励社会资本参与,形成政府与社会协同治水兴水的局面。

2.2 研究范围和水平年

2.2.1 研究范围

郑州市全域总面积 7 446.3 km^2,包括 6 区(中原区、二七区、管城区、金水区、惠济区、上街区)、5 市(巩义市、登封市、荥阳市、新密市、新郑市)、1 县(中牟县)及郑州航空港经济综合实验区、郑东新区、郑州经济技术开发区、郑州高新技术产业开发区。本次研究范围为郑州市全域及尉氏县纳入航空港区代管区域(65 km^2),共计 7 511 km^2。

2.2.2 水平年

本次研究的现状基准年为 2017 年;近期水平年为 2025 年;远期水平年为 2035 年。

2.3 研究目标和任务

2.3.1 目标

查清郑州市水资源及其开发利用现状,分析论证水资源开发利用及现状配置格局存在的主要问题。根据郑州市经济社会发展需要,科学预测全市未

来水资源供需形势,立足于节约用水和保护水环境,提出水资源合理开发、高效利用、优化配置、全面节约、有效保护、综合治理、科学管理的总体布局和实施方案,以促进郑州市环境和经济的协调发展,以水资源的可持续利用支持经济社会的可持续发展。

2.3.2 任务

摸清郑州市水资源状况,包括水资源条件及现状用水情况;按经济社会发展和环境改善要求,在水资源节约和保护的基础上,科学预测各规划水平年的水资源需求;客观分析不同水平年、不同条件的供需情况;建立水资源配置的宏观指标体系,提出生活、生产和生态用水的优化配置方案;提出水资源保护和管理对策。

(1)开展水资源及开发利用现状评价。全面地、客观地、准确地调查评价郑州市水资源数量、质量、可利用量及开发利用情况,系统地分析水资源的时空分布特点、演变趋势,以及现状水资源开发利用水平和存在的问题。

(2)进行水资源供需分析。在水资源评价及开发利用现状分析的基础上,综合考虑各种水源和不同行业的用水需求,在充分发挥节约和挖潜等作用的情况下,分析现状供用水格局潜力,预测规划水平年的供水量、需水量,动态分析水资源供需平衡。

(3)提出水资源优化配置方案。以“水资源调查评价”“水资源开发利用情况调查评价”为基础,结合“水资源供需分析”“水资源保护规划”等成果,确定合理可行的水资源优化配置方案及特殊干旱期应急对策制订。

(4)制订水资源保护措施。根据水量、水质、水生态的调查成果,提出加强地表水与地下水保护,以及与水相关的生态与环境的修复与保护对策建议,包括水功能区纳污能力计算、入河排污口布局与整治措施、内源治理与面源控制措施、水生态系统保护与修复措施、水资源保护措施、水资源保护监测规划措施等。

(5)提出水资源管理对策。制订水资源管理的对策和措施,建立适应社会主义市场经济体制的水资源管理制度。以法律手段规范水事活动、以行政手段界定水事行为、以经济手段调节水事活动、以科学技术手段开发利用和管理水资源。

第3章 水资源调查评价

3.1 水资源分区

3.1.1 地表水资源计算分区

3.1.1.1 流域分区

根据《郑州市水资源综合规划》,郑州市按流域划分为6个水资源四级区(见图3-1),其中淮河流域3个分区,黄河流域3个分区,分别为沙颍河平原区、沙颍河山区、涡河区、伊洛河区、小浪底—花园口干流区和花园口以下干流区。郑州市水资源流域分区统计如表3-1所示。

表3-1 郑州市水资源流域分区统计

水资源一级区	水资源二级区	水资源三级区	水资源四级区	行政区划	总面积(km²)
黄河	三门峡—花园口	小浪底—花园口干流区	小浪底—花园口干流区	主城区、西部新城区、巩义、新密	1 001.9
		花园口以下干流区	花园口以下干流区	主城区、东部新城区	182.9
		伊洛河区	伊洛河区	巩义、登封	827.0
淮河	淮河中游	王蚌区间北岸	沙颍河山区	主城区、西部新城区、南部新城区、登封、新密、新郑	3 020.5
			沙颍河平原区	主城区、航空城、东部新城区、南部新城区、新郑	2 394.8
			涡河区	东部新城区	84.2
合计					7 511.3

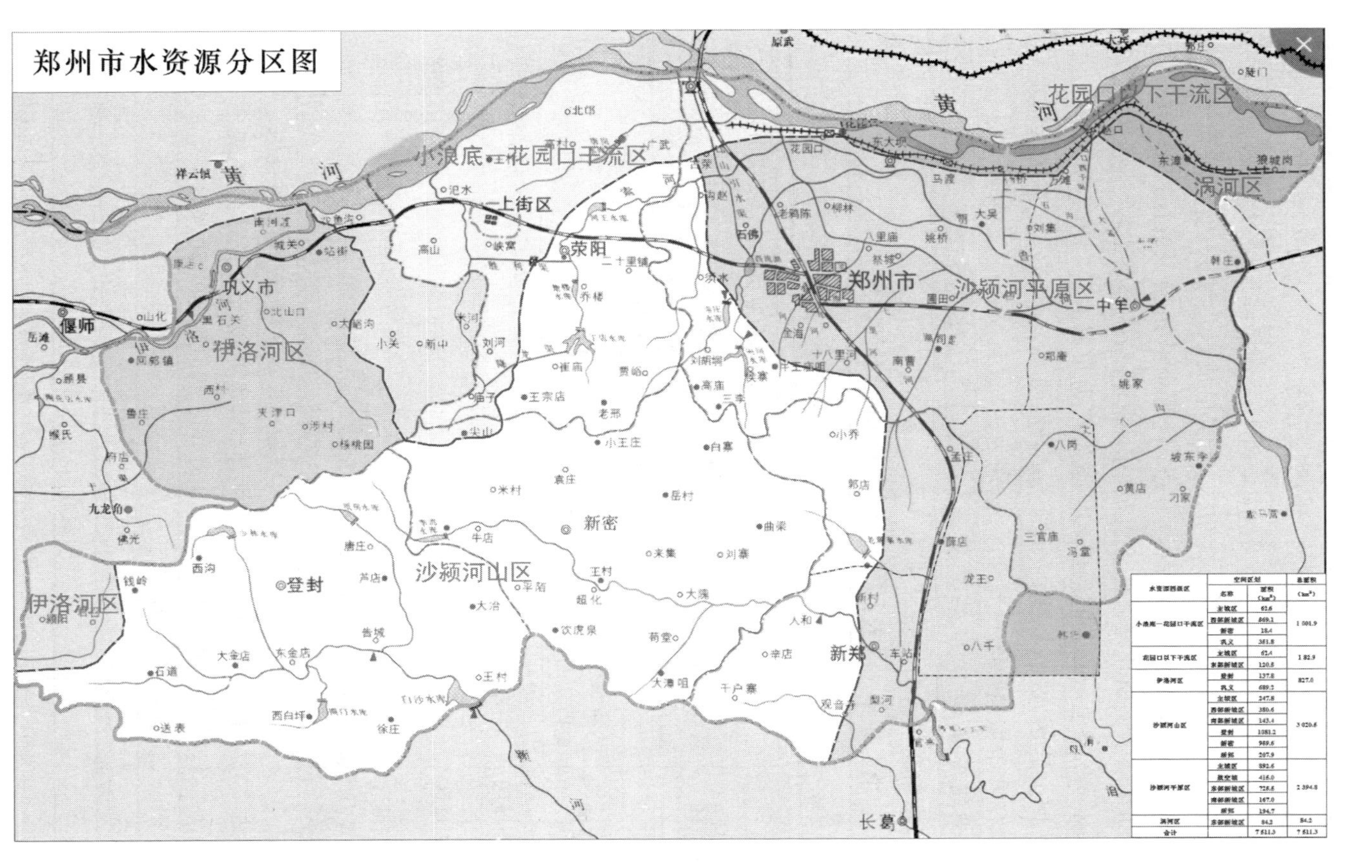

水资源四级区	空间区划		总面积
	名称	面积（km²）	（km²）
小浪底—花园口干流区	主城区	62.6	1 001.9
	西部新城区	569.1	
	新密	18.4	
	巩义	351.8	
花园口以下干流区	主城区	62.4	182.9
	东部新城区	120.5	
伊洛河区	登封	137.8	827.0
	巩义	689.2	
沙颍河山区	主城区	247.8	3 020.6
	西部新城区	380.6	
	南部新城区	143.4	
	登封	1081.2	
	新密	989.6	
	新郑	207.9	
沙颍河平原区	主城区	892.6	2 394.8
	航空城	416.0	
	东部新城区	728.6	
	南部新城区	167.0	
	新郑	194.7	
涡河区	东部新城区	84.2	84.2
合计		7 511.3	7 511.3

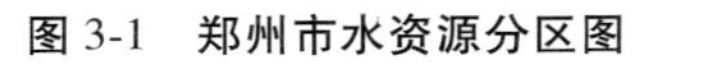
图 3-1　郑州市水资源分区图

3.1.1.2 计算分区

根据《郑州市城市总体规划(2010—2020年)》(2017年修订)及《郑州都市区总体规划(2012—2030)》,依托交通干线及沿线城镇,规划构建“一主一城三区四组团”的城镇空间布局结构,逐步形成以主城区、航空城和新城区为主体,外围组团为支撑,新市镇为节点,其他小城镇拱卫的层次分明、结构合理、互动发展的网络化城镇体系,以利于不同区域的经济发展、社会发展、空间组织,引导产业地域分工的形成和区域生产力布局的进一步完善。

按照上述区域规划城镇空间布局构建,如图3-2所示。本次水资源计算分区采用9个城镇空间布局分区,分别为主城区、航空城、东部新城区、西部新城区、南部新城区、巩义、新郑、新密、登封,其中主城区和航空城为中心城区。郑州市水资源计算分区统计见表3-2。

表3-2 郑州市水资源计算分区统计

分区名称	行政区划	说明	总面积(km^2)
主城区	中原区、二七区、金水区、惠济区、管城区、郑东新区、经开区、高新区	郑东新区(含中牟县白沙镇及刘集、万滩2个镇,万三公路以西区域*)、经开区(含中牟县九龙镇及郑庵镇,万三公路以西区域*)	1 265.4
航空城	郑州航空港经济综合实验区	含开封市尉氏县65 km^2	415.0
东部新城区	中牟县部分	不含由郑东新区、经开区代管区域	930.2
西部新城区	荥阳市、上街区	全部	949.7
南部新城区	新郑市部分	新郑市的龙湖镇、薛店镇、孟庄镇、郭店镇	310.4
巩义	巩义市	全部	1 041.0
新郑	新郑市部分	新郑市新建路、新华路、新烟街道办事处,以及新村镇、辛店镇、观音寺镇、梨河镇、和庄镇、城关乡	402.6
新密	新密市	全部	978.0
登封	登封市	全部	1 219.0
合计			7 511.3

注:标*乡镇为行政托管区。2013年前后,中牟县白沙及沿黄都市农业组团由郑东新区代管,郑州国际物流园区划归经开区管理。

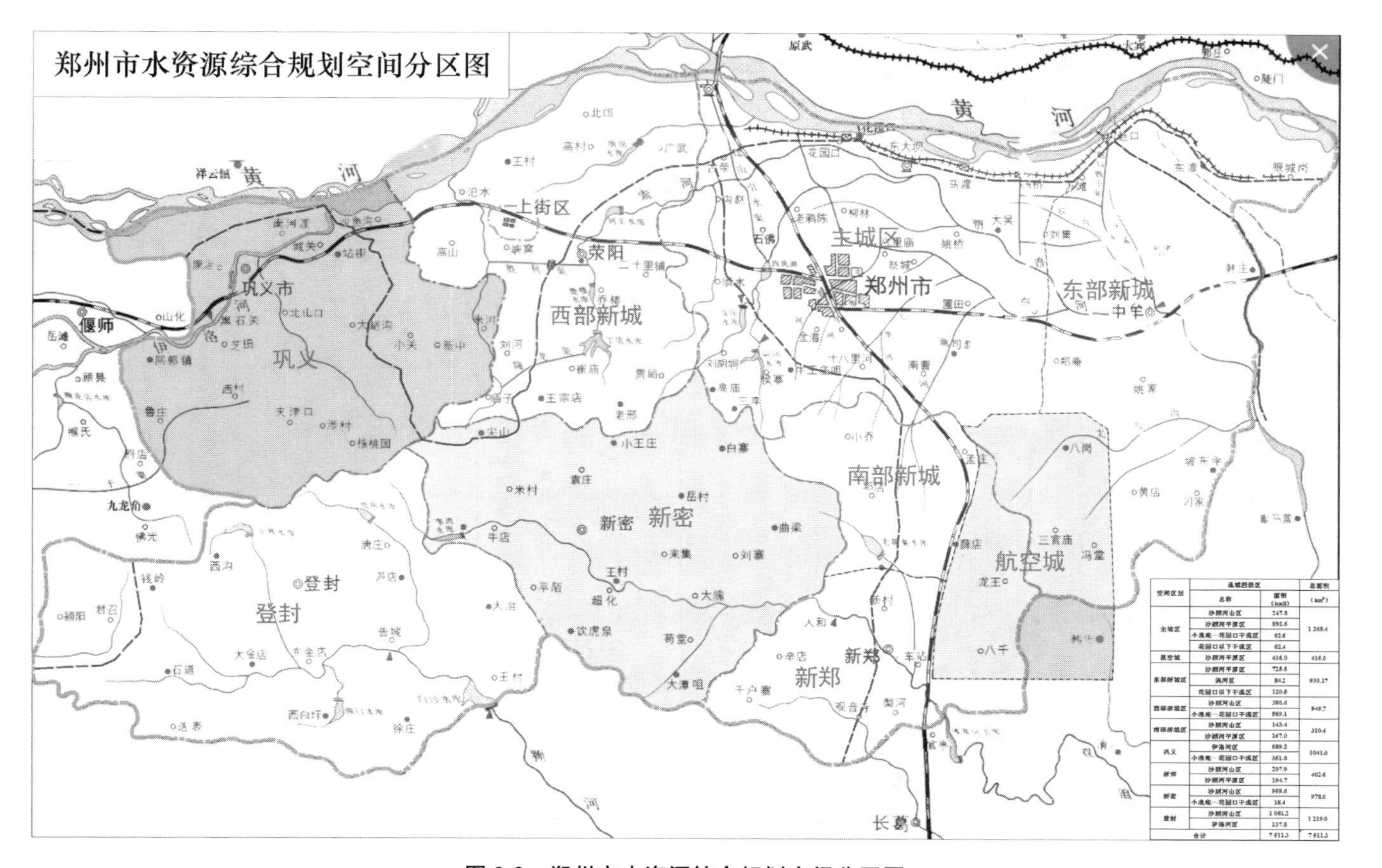

空间区划	流域四级区		总面积
	名称	面积（km2）	（km²）
主城区	沙颍河山区	247.8	1 265.4
	沙颍河平原区	892.6	
	小浪底—花园口干流区	62.6	
	花园口以下干流区	62.4	
航空城	沙颍河平原区	416.0	416.0
东部新城区	沙颍河平原区	725.6	930.17
	涡河区	84.2	
	花园口以下干流区	120.6	
西部新城区	沙颍河山区	380.6	949.7
	小浪底—花园口干流区	569.1	
南部新城区	沙颍河山区	143.4	310.4
	沙颍河平原区	167.0	
巩义	伊洛河区	689.2	1041.0
	小浪底—花园口干流区	361.8	
新郑	沙颍河山区	207.9	402.6
	沙颍河平原区	194.7	
新密	沙颍河山区	959.6	978.0
	小浪底—花园口干流区	18.4	
登封	沙颍河山区	1 081.2	1 219.0
	伊洛河区	137.8	
合计		7 811.3	7 811.3

图 3-2　郑州市水资源综合规划空间分区图

3.1.2　地下水资源计算分区

根据地形、地貌特征，以及郑州市行政分区、水资源分区，对郑州市进行了地下水资源评价计算区划分（见图3-3）。地下水资源评价分区类型为平原区和山丘区，其中平原区面积为2 056.3 km²，山丘区面积为5 581.9 km²。各评价分区面积见表3-3。

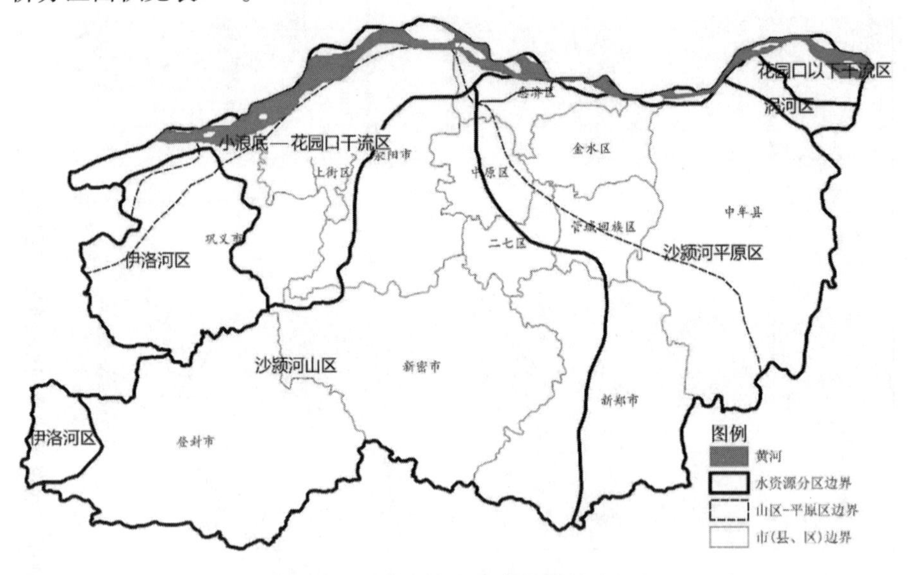

图3-3　郑州市地下水资源计算分区

表3-3　郑州市地下水资源计算分区面积表

水资源四级区	地下水资源分区			总面积（km²）
	行政区划	山丘区面积（km²）	平原区面积（km²）	
小浪底—花园口干流区	主城区、西部新城区、巩义、新密	751.4	250.5	1 001.9
花园口以下干流区	主城区、东部新城区	—	182.9	182.9
伊洛河区	巩义、登封	707.1	119.9	827.0
沙颍河山区	主城区、西部新城区、南部新城区、登封、新密、新郑	3 018.0	2.5	3 020.5

续表 3-3

水资源四级区	地下水资源分区			总面积(km^2)
	行政区划	山丘区面积(km^2)	平原区面积(km^2)	
沙颍河平原区	主城区、航空城、东部新城区、南部新城区、新郑	972.3	1 422.5	2 394.8
涡河区	东部新城区	—	84.2	84.2
合计		5 448.8	2 062.5	7 511.3

3.2　水资源数量

3.2.1　降水量成果

3.2.1.1　分区降水量

1956~2015 年,郑州市多年平均年降水量为 624.3 mm,评价区内共包含 9 个空间分区和 6 个水资源分区。郑州市各空间分区降水量系列特征值见表 3-4和表 3-5。

表 3-4　郑州市各空间分区 1956~2015 年系列特征值

行政区划	年数(年)	统计参数			降水频率			
		平均年降水量(mm)	C_v	C_s/C_v	20%(mm)	50%(mm)	75%(mm)	95%(mm)
主城区	60	612.4	0.25	2.0	736.4	602.4	500.7	376.0
航空城	60	628.7	0.26	2.0	740.3	596.9	508.9	377.7
东部新城区	60	599.1	0.20	2.0	707.0	590.7	513.6	404.3
西部新城区	60	599.3	0.25	2.0	724.4	589.9	484.5	375.9
南部新城区	60	648.7	0.25	2.0	777.9	637.7	536.2	410.1
巩义	60	584.3	0.24	2.5	699.2	569.9	480.7	375.9
新郑	60	657.9	0.23	2.0	778.6	640.4	554.8	429.7
新密	60	673.7	0.24	2.0	805.3	661.3	561.7	432.3
登封	60	651.1	0.24	2.0	771.2	645.2	551.5	424.9

表 3-5 郑州市各水资源分区 1956~2015 年系列特征值

水资源分区	年数(年)	统计参数			降水频率			
		平均年降水量(mm)	C_v	C_s/C_v	20%(mm)	50%(mm)	75%(mm)	95%(mm)
小浪底—花园口干流区	60	576.7	0.25	2.0	696.9	559.4	470.3	362.9
花园口以下干流区	60	568.3	0.27	2.0	689.9	553.8	464.6	346.2
伊洛河区	60	617.7	0.23	2.0	737.6	605.0	515.0	409.1
沙颍河山区	60	657.3	0.24	2.0	783.2	635.9	540.8	424.7
沙颍河平原区	60	618.5	0.23	2.0	737.8	609.1	523.6	405.2
涡河区	60	574.6	0.27	2.0	689.4	570.7	462.5	346.0

3.2.1.2 郑州市降水量成果

郑州市水资源计算面积为 7 511.3 km^2,全市降水量由上述 6 个水资源分区采用面积加权求得。计算结果是:郑州市(1956~2015 年)年平均降水量为 624.3 mm,折合降水体积为 46.893 亿 m^3。

不同频率典型年降水量计算采用水文频率计算适线法,水文频率分布线型选用皮尔逊Ⅲ型曲线。倍比值 $C_s/C_v=2.0$,$C_v=0.23$。不同频率典型年的降水量分别为:丰水年($P=20\%$)717.0 mm、平水年($P=50\%$)614.4 mm、偏枯年($P=75\%$)519.6 mm、枯水年($P=95\%$)411.1 mm。

3.2.1.3 年降水量等值线图

郑州市多年平均降水量等值线图见图 3-4,从图 3-4 中可以看出,郑州市范围内多年平均降水量分布在 500~700 mm,南部大于北部,西部大于东部,南部与禹州接壤的少部分区域降水量大于 700 mm。

3.2.1.4 现状年(2017 年)降水量

郑州市 2017 年降水量为 524.1 mm,降水总量为 39.37 亿 m^3,比多年均值减少 16%,属于平水偏枯年份。2017 年汛期 6~9 月降水量为 322.4 mm,占全年降水量的 61.5%,8 月降水量最多为 102.1 mm,占全年降水量的 19.5%;12 月降水量最少为 0.7 mm,占全年降水量的 0.1%。

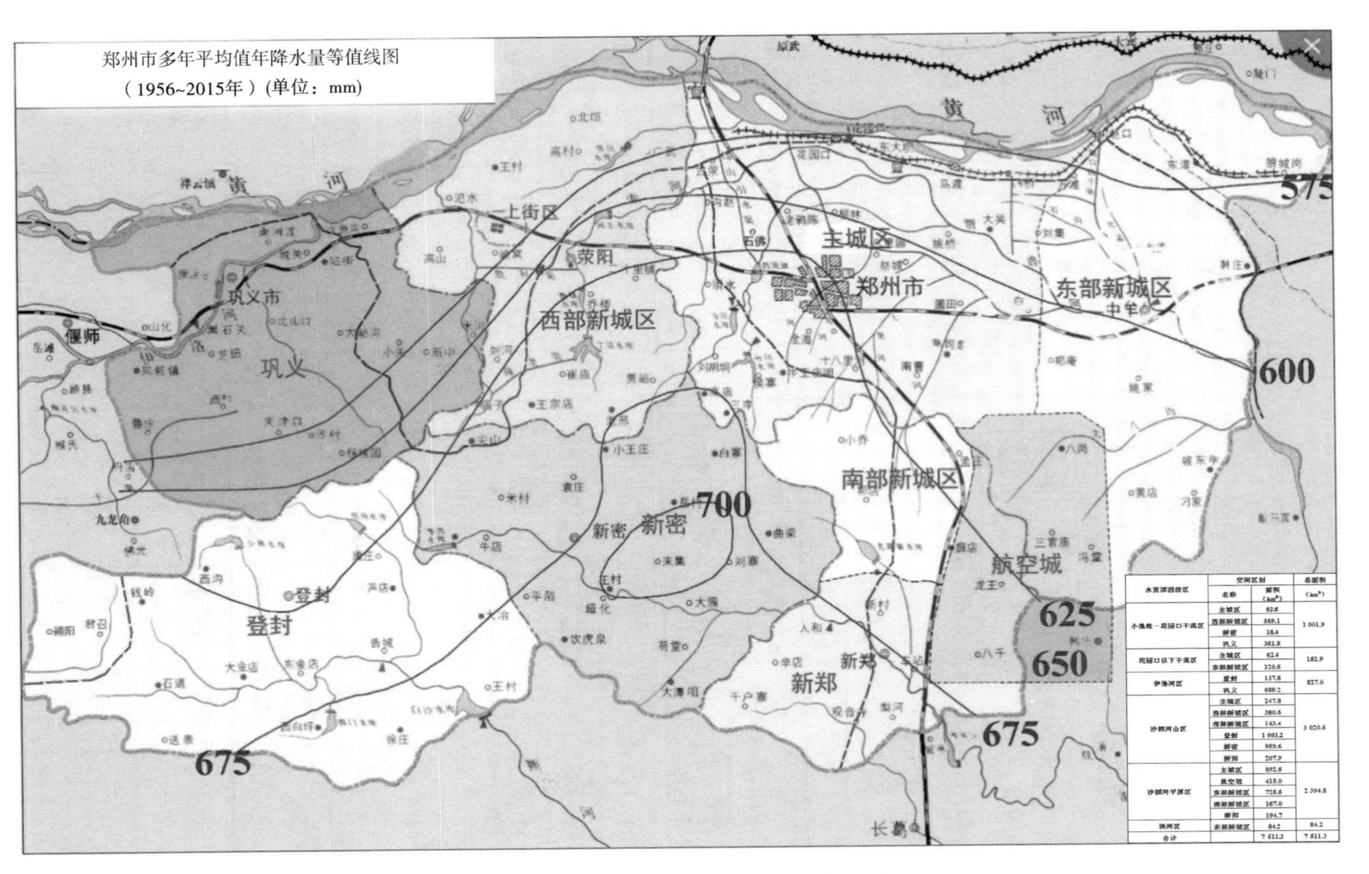

图 3-4　郑州市多年平均值年降水量等值线图

3.2.2 蒸发量及干旱指数

郑州市多年平均(1956~2015年)年降水量为624.3 mm,多年平均(1980~2000年)年水面蒸发量为1 015.7 mm,平均干旱指数为1.61,属于半湿润地区。

3.2.3 地表水资源

3.2.3.1 地表水资源量成果

根据《郑州市水资源综合规划》,郑州市全区域多年平均地表水资源量为70 286万 m^3,折合径流深93.6 mm。郑州市各水资源四级区及行政区划各保证率地表水资源量详见表3-6、表3-7。

表3-6 郑州市水资源分区地表水资源量特征值成果表

水资源分区	面积(km^2)	年均值(万 m^3)	C_v	C_s/C_v	$P=20\%$(万 m^3)	$P=50\%$(万 m^3)	$P=75\%$(万 m^3)	$P=95\%$(万 m^3)
小浪底—花园口干流区	1 001.9	7 699	0.66	2.5	10 942	6 633	4 336	2 383
花园口以下干流区	182.9	1 220	0.57	2.0	1 717	1 148	757	340
伊洛河区	827.0	7 383	0.50	2.5	9 944	6 930	4 992	3 046
沙颍河山区	3 020.5	33 319	0.79	3.0	47 053	25 270	16 551	12 094
沙颍河平原区	2 394.8	20 170	0.45	3.0	26 347	19 048	14 537	9 843
涡河区	84.2	495	0.68	2.0	727	441	267	104
合计	7 511.3	70 286	0.57	3.0	96 730	59 470	41 440	27 810

表3-7 郑州市行政区划地表水资源量特征值成果

行政区划	面积(km^2)	年均值(万 m^3)	C_v	C_s/C_v	$P=20\%$(万 m^3)	$P=50\%$(万 m^3)	$P=75\%$(万 m^3)	$P=95\%$(万 m^3)
主城区	1 265.4	11 149	0.52	3.0	15 049	9 779	7 037	4 792
航空城	415.0	3 495	0.45	3.0	4 599	3 175	2 388	1 663
东部新城区	930.2	7 409	0.48	3.0	9 907	6 680	4 898	3 262

续表 3-7

行政区划	面积（km^2）	年均值（万 m^3）	C_v	C_s/C_v	$P=20\%$（万 m^3）	$P=50\%$（万 m^3）	$P=75\%$（万 m^3）	$P=95\%$（万 m^3）
西部新城区	949.7	8 572	0.66	3.0	11 990	6 874	4 635	3 214
南部新城区	310.4	2 988	0.56	3.0	4 082	2 558	1 814	1 220
巩义	1 041.0	8 856	0.55	2.5	12 281	7 849	5 394	3 171
新郑	402.6	3 933	0.54	3.0	5 362	3 428	2 424	1 604
新密	978.0	10 727	0.68	3.0	15 135	8 535	5 645	3 822
登封	1 219.0	13 157	0.65	3.0	18 325	10 592	7 209	5 062
合计	7 511.3	70 286	0.57	3.0	96 730	59 470	41 440	27 810

3.2.3.2　地表水资源时空分布特点

郑州市多年平均地表水资源量 70 286 万 m^3，地表水资源量具有年际变化大的特点。在 1956~2015 年地表水资源量计算系列中，1964 年最大地表水资源量为 24.31 亿 m^3，径流深 323.6 mm；1981 年最枯仅有 3.14 亿 m^3，径流深 41.8 mm。丰枯相差悬殊，交替出现，丰枯比达 7 倍以上。

郑州市各水资源分区地表水资源量的空间分布主要和降雨有关，呈自东南向西北逐渐减少的特点。

3.2.4　地下水资源

3.2.4.1　地下水资源量成果

根据《郑州市地下水综合治理规划》，采用水均衡法评价地下水资源量，平原区按补给量法计算，山丘区采用排泄量法计算。郑州市全区山丘区地下水资源量为 53 509 万 m^3，平原区地下水资源量为 27 577 万 m^3，扣除平原区与山丘区之间地下水重复量为 1 820 万 m^3，多年平均（2001~2017 年系列）地下水资源量为 79 266 万 m^3。郑州市 2001~2017 年多年平均地下水资源量见表 3-8。

3.2.4.2　超采区范围

根据《郑州市地下水综合治理规划》，按照《全国地下水超采区评价技术大纲》中规定的技术规范，通过观测井数据按水位动态法计算得出 2008~2017 年郑州市地下水超采区范围，如图 3-5~图 3-7 所示。

表 3-8 郑州市 2001~2017 年多年平均地下水资源量 （单位：万 m^3）

年份	行政区划	山丘区		平原区							总地下水资源量
		降水入渗补给		降水入渗补给	山前侧向补给	地表水体补给量				地下水资源量	
		补给量	其中形成的河川基流			跨区调水地表水体补给	本区地表水体补给		小计	小计	合计
							补给量	其中山丘区河川基流形成的			
		①	②	③	④	⑤	⑥	⑦	⑧=⑤+⑥	⑨=③+④+⑧	⑩=①+⑨-④-⑦
多年平均	主城区	5 054	1 659	5 334	671	2 403	27	12	2 430	8 435	12 806
	上街区	539	224								539
	航空城	3 238	1 103								3 238
	巩义市	7 999	3 392	1 024			1 066	463	1 066	2 090	9 626
	新密市	8 926	3 668								8 926
	新郑市	7 796	2 703								7 796
	荥阳市	8 108	3 357								8 108
	登封市	10 574	4 468								10 574
	中牟县	1 275	427	11 131	639	5 198	84	35	5 282	17 051	17 652
	合计	53 509	21 002	17 489	1 310	7 601	1 177	510	8 778	27 576	79 265

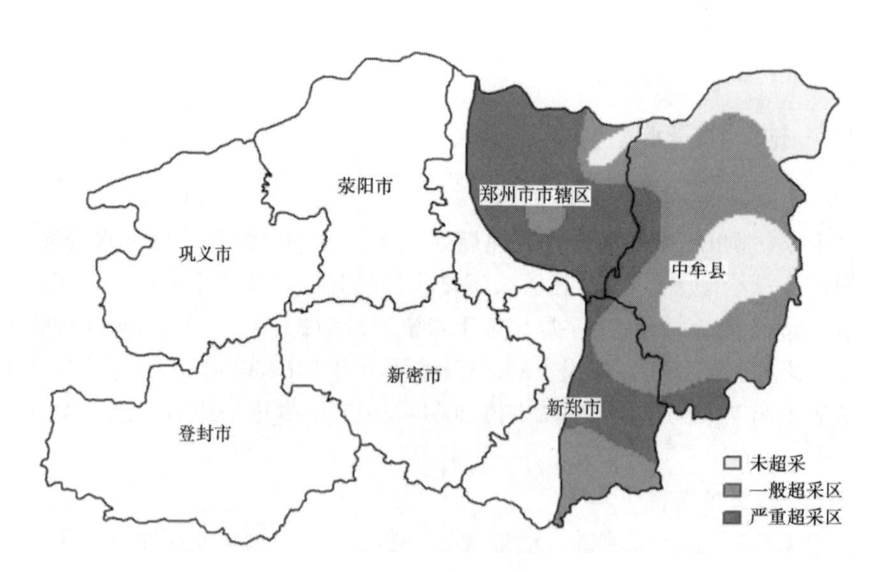

图 3-5 郑州市平原区浅层水超采区范围

郑州市平原区绝大部分浅层地下水处于超采状态，2008~2017年浅层地下水的平均下降速率为0.65 m/年。其中，中牟县部分地区、新郑市平原区南部及北部、主城区中心区域处于一般超采区；主城区大部分面积和新郑市中部处于严重超采区。

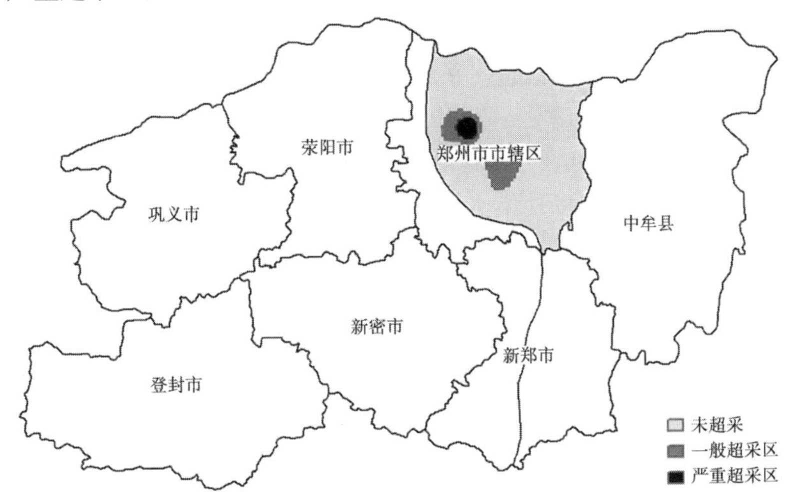

图3-6　郑州市市辖区平原区承压水超采区范围

由于数据条件的限制，仅列出主城区的超采情况，主城区深层承压水绝大部分面积处于未超采状态。仅市区中西部、南部部分面积处于超采区。

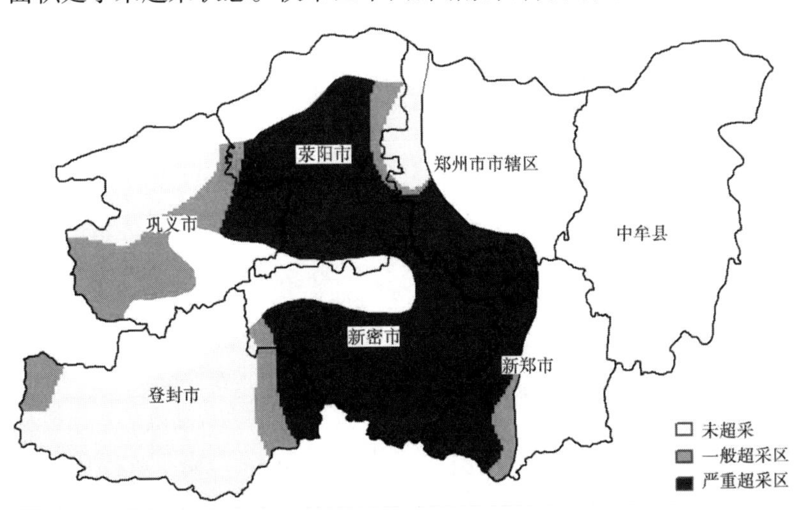

图3-7　郑州市山丘区岩溶水超采区范围

郑州市山丘区岩溶水一般超采区位于巩义市南部、登封东部及西部；岩溶水严重超采区位于新密市、荥阳市大部分区域，新郑市西部，主城区西南部；未超采区位于登封市南部、巩义市北部、郑州市西北部。

3.2.4.3　超采量评价

郑州市山丘区地下水资源量为5.35亿m^3，其中2.1亿m^3的山丘区地下水资源形成山区的河川基流量。平原区总资源量为2.76亿m^3，山丘区与平原区重复资源量约为0.18亿m^3。山丘区地下水资源扣减形成的河川基流量和与平原区重复的资源量后，得到地下水可采量为3.07亿m^3，占山丘区地下水资源量的57%。平原区地下水可采量在郑州市第三次水资源评价中采用水均衡法评价，得到的地下水可采量为2.33亿m^3，占平原区地下水资源量的85%。郑州市总的地下水可采量为5.40亿m^3，占地下水总资源量的68%。郑州市地下水可采量分析如表3-9所示。

表3-9　郑州市地下水可采量分析

行政区划	浅层地下水资源量(2001~2017年)(万m^3)					地下水可采量(万m^3)		
	山丘区		平原区资源量	山区—平原重复	总资源量	山丘区可采量	平原区可采量	总可采量
	资源量	其中形成的河川基流						
	①	②	③	④	⑤=①+③-④	⑥=①-②-④	⑦	⑧=⑥+⑦
主城区	5 054	1 659	8 435	683	13 485	2 712	7 069	9 781
上街区	539	224			535	315		315
航空城	3 238	1 103			3 234	2 135		2 135
巩义市	7 999	3 392	2 090	463	10 085	4 144	1 811	5 955
新密市	8 926	3 668			8 922	5 258		5 258
新郑市	7 796	2 703			7 792	5 093		5 093
荥阳市	8 108	3 357			8 104	4 751		4 751
登封市	10 574	4 468			10 570	6 106		6 106
中牟县	1 275	427	17 051	674	18 322	174	14 432	14 606
合计	53 509	21 001	27 576	1 820	81 049	30 688	23 312	54 000

注：表中平原区可采量数据引自《郑州市水资源第三次调查评价》(2019年6月)。

2017年,郑州市地下水超采量按照2017年的实际地下水开采量减去地下水可采量进行确定,结果见表3-10。

表3-10 郑州市地下水超采量分析

行政区划	总可采量（万 m^3）	2017年开采量（万 m^3）	超采量（万 m^3）	开采率（%）
	①	②	③=②-①	④=②/①
主城区	9 781	7 195	不超采	74
上街区	315	201	不超采	64
航空城	2 135	7 800	5 665	365
巩义市	5 955	8 012	2 057	135
新密市	5 258	9 832	4 574	187
新郑市	5 093	7 552	2 459	148
荥阳市	4 751	9 870	5 119	208
登封市	6 106	7 326	1 220	120
中牟县	14 606	16 799	2 193	115
合计	54 000	74 587	23 287	138

经过计算,2017年郑州市地下水总超采量为2.06亿 m^3,除主城区、上街区之外,其余市(县)均不同程度地存在地下水超采。开采率较大的几个市(县)分别为航空城、荥阳市、新密市、新郑市,巩义市、登封市、中牟县的开采率稍小。

第4章 郑州市供用水现状分析

4.1 全社会供用水分析

全社会供水量的统计按照地表水源、地下水源和其他水源三种类型进行，本次依据历年《郑州市水资源公报》《巩义市水资源公报》统计分析2010~2017年全社会供用水情况。需要说明的是，航空港区于2012年10月经国务院批复规划建设，2010~2011年郑州市供水量调查统计情况无航空港区相关指标。

4.1.1 供水量

4.1.1.1 2017年供水量调查统计

郑州市是多水源联合调度供水城市，2017年郑州市供水量为20.17亿m^3，其中本地水供水量为2.38亿m^3、引黄水供水量为3.10亿m^3、南水北调水供水量为5.23亿m^3、地下水源量为7.46亿m^3、其他水源量为1.99亿m^3，分别占总供水量的12%、15%、26%、37%、10%。郑州市2017年供水结构见图4-1，分县（区）供水量详见表4-1。

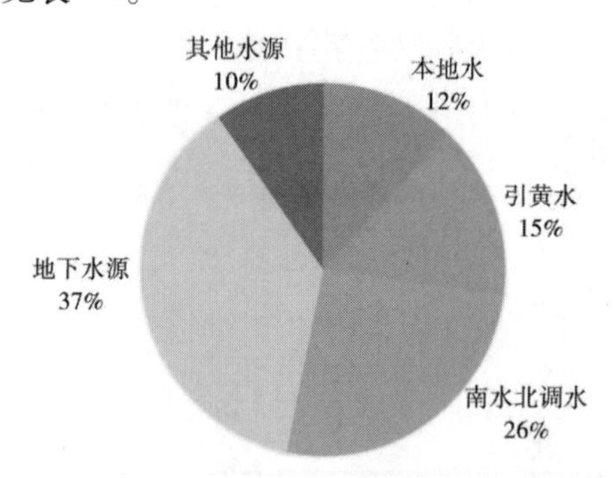

图4-1 郑州市2017年供水结构示意图

可以看出，郑州市域供水水源以地下水和外调水为主，本地水和其他水源为辅。南水北调水和引黄水两大外调水源，供水比例合计41%，已成为郑州市经济社会发展的主要水源支撑。分县（区）来看，主城区外调水占总供水量

表 4-1　郑州市 2017 年不同水源供水量调查统计　（单位：万 m^3）

行政区划	地表水源供水量				地下水源	其他水源	总供水量
	本地水	引黄水	南水北调水	合计			
主城区	1 697	24 907	39 526	66 130	7 195	10 647	83 972
航空城			4 800	4 800	7 800	3 100	15 700
中牟县		6 102	981	7 083	16 799	131	24 013
上街区	1 917		833	2 750	201	230	3 181
荥阳市	4 660		1 600	6 260	9 870	400	16 530
巩义市	5 685			5 685	8 012	1 450	15 147
新郑市	946		4 579	5 525	7 552	1 510	14 587
新密市	4 214			4 214	9 832		14 046
登封市	4 726			4 726	7 326	2 460	14 512
合计	23 845	31 009	52 319	107 173	74 590	19 928	201 688

的 77%，特别是南水北调水占比已达到 47%，其重要地位日益凸显；航空港区作为 2012 年新规划建设区域，水资源天然禀赋不足，供水结构相对单一，目前仍以地下水源供水为主，南水北调水源未得到充分利用。

4.1.1.2　供水量变化趋势

2010~2017 年，郑州市域不同水源供水量调查统计见表 4-2，供水变化趋势见图 4-2。

表 4-2　郑州市 2010~2017 年不同水源供水量调查统计表

（单位：万 m^3）

年份	地表水源供水量				地下水源	其他水源	总供水量
	本地水	引黄水	南水北调水	合计			
2010	12 251	45 290		57 541	111 384	3 500	172 425
2011	11 225	48 536		59 761	99 192	3 500	162 453
2012	8 305	54 532		62 837	102 336	5 176	170 349
2013	17 201	50 416		67 617	102 983	5 629	176 229
2014	29 931	47 452		77 383	92 836	8 428	178 647
2015	18 224	38 707	22 572	79 503	93 692	8 890	182 085
2016	22 435	30 489	38 493	91 417	93 622	10 298	195 337

续表 4-2

年份	地表水源供水量				地下水源	其他水源	总供水量
	本地水	引黄水	南水北调水	合计			
2017	23 845	31 009	52 319	107 173	74 590	19 928	201 688
均值	17 927	43 304	14 173	75 404	96 329	8 169	179 902
年均增长率(%)	8.7	-4.6	52.2	8.1	-4.9	24.3	2.0

注: 2010 年引黄水量扣除了中牟县向贾鲁河生态补水 2.988 7 亿 m^3。

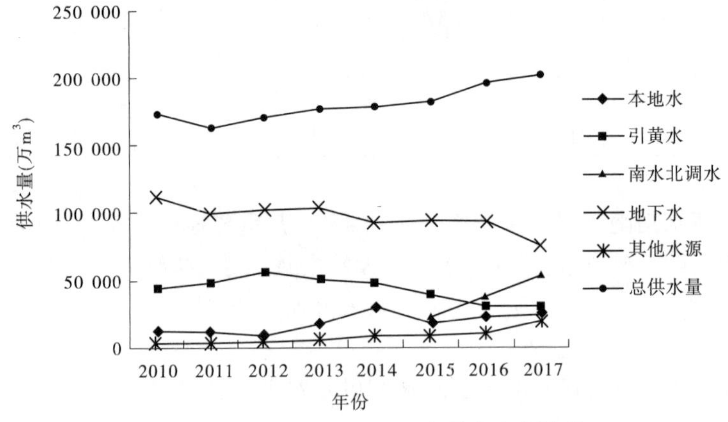

图 4-2 郑州市 2010~2017 年供水变化趋势

从郑州市 2010~2017 年供水量资料统计成果看,总供水量呈增长趋势,年均增速 2.0%。近年来,虽然随着最严格水资源制度落实及南水北调受水区地下水压采工作的有序开展,郑州市域地下水供水量有所下降,年均降幅为 4.9%;2014 年底南水北调通水后,新增引丹江水量逐年上升,由 22 572 万 m^3 增至 52 319 万 m^3,年均增幅为 52.2%;引黄水供水量有下降的趋势,水量年均降幅为 4.6%;本地地表水受近年来降雨不足,蓄、引、提等工程供水能力受限,年际间供水量变化幅度较大。近年来,新建污水处理回用工程及海绵城市雨水利用工程建设,其他水源利用量由 2010 年的 3 500 万 m^3 增加到 2017 年的 19 928万 m^3,年均增幅为 24.3%。

4.1.2 用水量

4.1.2.1 2017 年用水量

2017 年,郑州市的总用水量为 20.17 亿 m^3,农业用水量、工业用水量、生活用水量、生态环境用水量分别为 4.65 亿 m³、5.37 亿 m³、6.46 亿 m³、3.69 亿 m³，分别占总用水量的 23.1%、26.6%、32.0%、18.3%。郑州市 2017 年不同用户用水量调查统计如表 4-3 所示。

表 4-3　郑州市 2017 年不同用户用水量调查统计　（单位：万 m³）

行政区划	农业用水量			工业用水量	生活用水量				生态环境用水量	总用水量
	农田灌溉	林牧渔畜	小计		居民生活		城镇公共	小计		
					城镇	农村				
主城区	3 600	1 191	4 791	13 610	28 027	2 247	9 819	40 093	25 478	83 972
航空城	2 100	0	2 100	5 200	3 000	1 000	1 300	5 300	3 100	15 700
中牟县	17 326	1 221	18 547	890	927	729	450	2 106	2 470	24 013
上街区	54	6	60	1 810	850	20	0	870	441	3 181
荥阳市	4 400	1 600	6 000	8 280	1 150	400	150	1 700	550	16 530
巩义市	3 202	742	3 944	5 120	2 229	1 345	835	4 409	1 677	15 150
新郑市	4 818	601	5 419	4 340	1 502	616	666	2 784	2 044	14 587
新密市	1 134	956	2 090	8 067	1 453	1 578	502	3 533	356	14 046
登封市	990	2 600	3 590	6 352	2 230	1 080	460	3 770	800	14 512
合计	37 624	8 917	46 541	53 669	41 368	9 015	14 182	64 565	36 916	201 691

4.1.2.2　用水量变化趋势分析

从各用水户用水量看，2010～2017 年郑州市农业用水量、工业用水量、生活用水量和生态环境用水量近年来呈现不同的变化趋势（见表 4-4）。农业用水量由 2010 年的 47 608 万 m³减少到 2017 年的 46 541 万 m³，年均增长速度为-0.3%，农业用水量在总用水量中的同期占比由 27.6%降低到 23.1%。其中，农田灌溉用水量由 2010 年的 36 807 万 m³增加到 2017 年的 37 624 万 m³，年均增加 0.3%。

工业用水量在工业需水规模增大和工业节水水平提高的双重作用下，基本保持稳定。

2010～2017 年，生活用水量年均增速为 3.6%，增长用水户主要来源于城镇居民生活用水量和城镇公共用水量，同期城镇居民生活用水量由 2010 年的 32 748 万 m³增加到 2017 年的 41 368 万 m³，年均增长速度为 3.0%；城镇公共用水量由 2010 年的 7 064 万 m³增加到 2017 年的 14 182 万 m³,年均增长速度为 9.1%,主要与区域人口增长及产业结构调整引起的第三产业用水量增加等因素有关。

生态环境用水量由 2010 年的 21 228 万 m³增加到 2017 年的 36 916 万 m³,年均增速 7.2%。

表 4-4　郑州市 2010~2017 年不同用水户用水量对比结果

年份	农业用水量(万 m³)			工业用水量(万 m³)	生活用水量(万 m³)				生态环境用水量(万 m³)	总用水量(万 m³)
	农田灌溉	林牧渔畜	小计		居民生活		城镇公共	小计		
					城镇	农村				
2010	36 807	10 801	47 608	54 756	32 748	9 021	7 064	48 833	21 228	172 425
2011	33 866	8 148	42 014	56 276	29 059	8 684	7 206	44 949	19 214	162 453
2012	32 721	10 071	42 792	60 231	30 821	7 961	8 518	47 300	20 026	170 349
2013	34 592	13 053	47 645	57 626	31 482	8 094	10 000	49 576	21 401	176 248
2014	37 268	12 855	50 123	53 997	35 752	8 570	9 570	53 892	20 423	178 435
2015	37 194	13 780	50 974	54 656	37 020	8 760	10 631	56 411	20 040	182 081
2016	42 120	12 858	54 978	54 704	49 648	9 055	13 373	72 076	13 579	195 337
2017	37 624	8 917	46 541	53 669	41 368	9 015	14 182	64 565	36 916	201 691
均值	36 524	11 310	47 834	55 739	35 987	8 645	10 068	54 700	21 604	179 877
年均增长率(%)	0.3	-2.4	-0.3	-0.3	3.0	0	9.1	3.6	7.2	2.0

注:2010 年生态环境用水量扣除了中牟县引黄向贾鲁河生态补水 2.988 7 亿 m³。

4.2　城市供用水分析

城市的供水和用水是指市(区)及各市、县建成区内的供水和用水。城市的发展是带动经济发展的核心地区,城市建成区供用水调查统计对于摸清城市现状供用水特点具有重要意义。本次城市供用水现状依据《河南省城乡建设统计资料汇编》进行分析,统计范围包括郑州市各行政区划的城市建成区。

4.2.1　2017 年供用水现状

4.2.1.1　供水现状

根据 2017 年《河南省城乡建设统计资料汇编》结合县(区)分散型供水情况，城市总供水量为 74 127 万 m^3，其中公共供水量为 59 241 万 m^3，自建设施供水量为 3 825 万 m^3，分散型供水量为 11 061 万 m^3，分别占总供水量的 79.9%、5.2%和 14.9%。城市供水结构以公共供水为主，自建设施供水和分散型供水为辅。根据城市供水水源，各行政区划均以地表水供水为主。郑州市 2017 年城市供水及水源情况统计见表 4-5。

表 4-5　郑州市 2017 年城市供水及水源情况统计

行政区划	综合生产能力(万 m^3/d)						供水总量(万 m^3)			
	公共供水			自建设施供水			公共供水	自建设施供水	分散型供水	合计
	地表水	地下水	小计	地表水	地下水	小计				
主城区	112	30	142	0	3.35	3.35	38 967	613	6 065	45 645
航空城	30	0	30	0	2	2	6 678	366	1 634	8 678
中牟县	7.5	3	10.5	0	1.3	1.3	1 536	238	386	2 160
上街区	5	4	9	0	2	2	1 032	214	105	1 351
荥阳市	16	2	18	2	0	2	3 038	366	235	3 639
新郑市	12.5	2.8	15.3	0	3.23	3.23	3 527	191	121	3 839
登封市	7	0	7	0	0.5	0.5	1 120	101	923	2 144
新密市	5	4.2	9.2	0	3.5	3.5	1 349	640	703	2 692
巩义市	1	5	6	0	6	6	1 994	1 097	889	3 980
合计	196	51	247	2	21.88	23.88	59 241	3 825	11 061	74 128

4.2.1.2　用水现状

城市用水包括生产运营、公共服务、居民家庭和其他。以生产运营、公共服务、居民家庭用水为主，合计占总用水量的 84%。郑州市 2017 年城市各行业用水情况统计见表 4-6。

表 4-6 郑州市 2017 年城市各行业用水情况统计

行政区划	用水量(万 m^3)					占比(%)			
	生产运营用水	公共服务用水	居民家庭用水	其他用水	合计	生产运营用水	公共服务用水	居民家庭用水	其他用水
主城区	3 179	8 686	27 169	6 611	45 645	7	19	60	14
航空城	4 570	845	2 250	1 013	8 678	53	10	26	12
中牟县	352	191	1 141	475	2 159	16	9	53	22
上街区	168	0	850	333	1 351	12	0	63	25
荥阳市	505	611	1 575	949	3 640	14	17	43	26
新郑市	413	916	1 410	1 100	3 839	11	24	37	29
登封市	277	547	1 095	224	2 143	13	26	51	10
新密市	379	0	1 843	470	2 692	14	0	68	17
巩义市	914	1 020	1 529	517	3 980	23	26	38	13
合计	10 757	12 816	38 862	11 692	74 127	15	17	52	16

注:其他用水量中包含市政用水、管网漏损水量等。

4.2.2 供用水量变化趋势

4.2.2.1 2010~2017 年供水

根据 2010~2017 年《河南省城乡建设统计资料汇编》,结合县(区)分散型供水情况,分析城市供水结构和供用水变化情况。自 2010 年以来,郑州市城市总供水量整体呈上升趋势。2014 年南水北调通水后,公共供水量增加,自建设施和分散型供水量呈现减少趋势。郑州市 2010~2017 年城市供水及水源情况统计详见表 4-7,郑州市 2010~2017 年城市供水变化见图 4-3。

表 4-7 郑州市 2010~2017 年城市供水及水源情况统计

年份	综合生产能力(万 m^3/d)						供水总量(万 m^3)			
	公共供水			自建设施供水			公共供水	自建设施供水	分散型供水	合计
	地表水	地下水	小计	地表水	地下水	小计				
2010	138.9	55.9	194.8	24.9	22.1	47.0	37 035	8 035	12 510	57 580
2011	140.5	57.5	198.0	24.9	24.9	49.8	37 407	5 856	12 008	55 271
2012	125.5	48.5	174.0	24.9	24.9	49.8	37 545	5 661	11 992	55 198

续表 4-7

年份	综合生产能力(万 m^3/d)						供水总量(万 m^3)			
	公共供水			自建设施供水			公共供水	自建设施供水	分散型供水	合计
	地表水	地下水	小计	地表水	地下水	小计				
2013	125.5	49.5	175.0	25.0	25.0	50.0	38 253	4 879	11 972	55 104
2014	161.5	56.2	217.7	25.0	25.0	50.0	43 991	4 922	11 877	60 790
2015	207.5	55.0	262.5	25.0	25.0	50.0	49 081	4 441	11 856	65 378
2016	243.5	55.0	298.5	23.9	21.9	45.8	53 583	4 242	11 550	69 375
2017	247.0	51.0	298.0	23.9	21.9	45.8	59 241	3 825	11 061	74 127
平均值	173.7	53.6	227.3	24.7	23.8	48.5	44 517	5 233	11 853	61 603

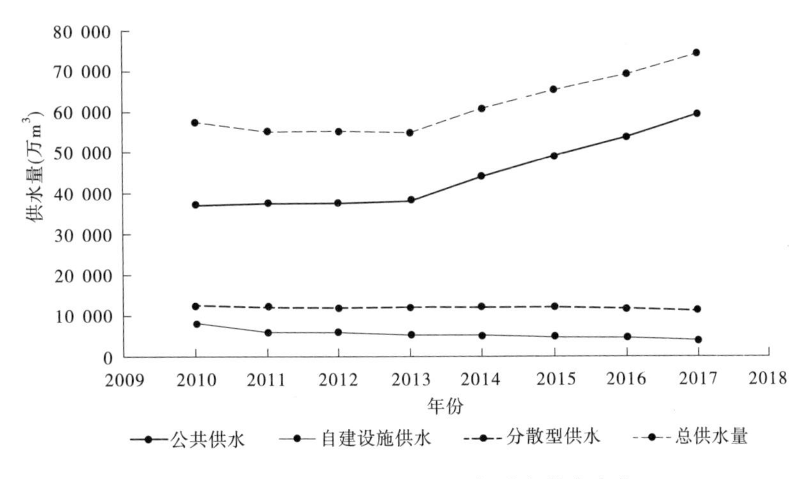

图 4-3　郑州市 2010~2017 年城市供水变化

4.2.2.2　2010~2017 年用水

2010~2017 年,郑州市供用水平衡。城市用水包括生产运营、公共服务、居民家庭和其他。以生产运营用水和居民家庭用水为主,2010~2017 年平均用水量分别占总用水量的 23%和 44%左右。郑州市 2010~2017 年城市用水变化情况详见表 4-8。

表 4-8 郑州市 2010~2017 年城市用水变化情况

年份	用水量(万 m^3)					占比(%)			
	生产运营用水	公共服务用水	居民家庭用水	其他用水	合计	生产运营用水	公共服务用水	居民家庭用水	其他用水
2010	17 152	9 877	21 158	9 392	57 579	30	17	37	16
2011	14 785	9 728	21 847	8 912	55 272	27	18	40	16
2012	16 010	9 798	20 403	8 988	55 199	29	18	37	16
2013	15 354	9 744	20 853	9 153	55 104	28	18	38	17
2014	12 311	9 957	27 841	10 682	60 791	20	16	46	18
2015	14 724	10 567	30 464	9 623	65 378	23	16	47	15
2016	12 654	11 776	35 321	9 624	69 375	18	17	51	14
2017	10 757	12 816	38 863	11 691	74 127	15	17	52	16
平均值	14 218	10 533	27 094	9 758	61 603	23	17	44	16

注:其他用水量中包含市政用水、管网漏损水量等。

4.3 水资源开发利用存在的问题

目前,全市水资源基本保障了当前生产生活用水需求,但是亏欠了生态环境用水,超量开采了地下水。随着郑州国家中心城市建设的加快推进,水源不足、水质不优、水系不畅、水工程不多等问题日益突出,“水瓶颈”制约凸显。

4.3.1 供水结构不尽合理

一是地下水超采较为严重,2018 年全市仍超采地下水 2.06 亿 m^3,超采率达 38%。二是黄河干流超指标引水和支流利用不足,近 5 年干流平均引黄水量约为 5 亿 m^3,利用率约为 120%,支流平均利用率约为 4%。三是再生水的利用率不高,2017 年全市仅为 23.1%,远低于北京的 61%、天津的 34.0%。

4.3.2 用水效率有待提高

经对比分析,郑州综合用水效率已经达到了较高的水平,万元 GDP 用水量和人均用水量均达到了国内和国际先进水平。在行业用水效率方面,万元工业增加值用水量、规模以上工业用水重复利用率、农田灌溉水有效利用系数、城镇供水管网漏损率等均达到了国内上游水平，但与国际先进水平存在较大差距。

4.3.3 郑州市城市发展对外调水源的需求强烈

近年来，随着“一带一路”建设将郑州列为重要节点城市，以及国家支持郑州建设国家中心城市等一系列国家战略政策出台，主城区域资源、环境、人口压力不断增大，产业结构、城市布局等不断调整。特别是主城区，作为全市政治、经济、文化、金融、科教中心，也是郑州市建设国家中心城市的核心地带，主城区 2035 年人口将达到 585 万，城市水厂规模将达到 300 万 m^3/d 以上。但目前主城区南水北调水量仅能满足刘湾、柿园、白庙 3 座水厂 100 万 m^3/d 左右的供水规模，城市发展新区域的居民对使用南水北调水有强烈愿望。另外，随着城乡一体化供水进程加快，城镇和农村居民也对使用南水北调水有强烈愿望，但有限的南水北调水量指标显然无法满足人民对美好生活的向往。

4.3.4 供水工程能力明显不足

尽管郑州拥有黄河、南水北调两大外来水源，但由于水工程的引、蓄、供能力明显不足，“引不出、留不住”问题比较突出。

4.3.5 应急供水保障较弱

目前，保障我市主城区的应急供水水源仅有尖岗、常庄 2 座水库，以及花园口、石佛 2 座调蓄池，总库容 0.62 亿 m^3，应急供水水源既小又弱，如果南水北调供水出现问题，又恰逢黄河泥沙含量大或主河槽北移无法引水，4 个应急供水水源仅能保证郑州主城区和航空城约 22 d 基本用水需求。

4.3.6 城乡供水缺乏统筹

受城乡二元经济结构影响，郑州市自来水供给依然存在城乡二元割裂问题。与城市供水相比，乡村供水普遍存在规模小、保障弱、保证率低等问题。

4.3.7 水系网络连通不畅

随着郑州外围组团发展，主城区和外围组团分布着若干独立水系，支干水系与主干水系连通不够，全域生态水网不活、不畅，影响东西互济、南北互补。

第5章 节水评价

5.1 评价指标选取

根据《规划和建设项目节水评价技术要求》(办节约〔2019〕206号),现状节水水平评价与节水潜力分析,应在现状供用水水平分析评价的基础上,从同类地区(行业)节水指标对比、节水管理水平等方面,开展现状节水水平评价,分析现状节水存在的主要问题,对照国内外同类地区(行业)先进节水水平,按照节水目标指标的要求,结合现状节水水平及节水措施方案等,分析、测算、规划水平年节水潜力。

节水指标可分为用水总量指标、用水效率(定额)指标、其他指标等类型。不同规划或建设项目应从中筛选或增加体现所在区域、行业特点的代表性指标。

(1)用水总量指标:用水总量控制指标、地下水控制开采量等。

(2)用水效率(定额)指标:万元国内生产总值用水量、万元工业增加值用水量、实际灌溉亩均用水量、主要工业行业单位产品用水量、城镇居民生活用水定额、城镇居民生活用水定额指标,以及农田灌溉水有效利用系数、工业用水重复利用率、公共供水管网漏损率等效率指标。

(3)其他指标:节水灌溉工程面积占比、高效节水灌溉面积占比、非常规水源利用水平、再生水利用率、节水器具普及率、取水用水计量率、水费(税)征收率、节水灌溉面积和高效节水灌溉面积、公共供水管网建设(改造)长度、水资源超载地区压减灌溉面积等。

根据以上指标及《实行最严格水资源管理制度考核办法》、《节水型社会评价指标体系和评价方法》(GB/T 28284—2012)、《节水型社会建设评价指标体系》和《国家节水型城市考核标准》等节水评价工作涉及的节水指标,结合郑州市地下水超采区特点,遵循选取具有代表性、可操作、能比较的指标原则,在城镇生活用水、工业用水、农业用水,以及建筑业和商饮业、服务业用水四个方面,选取农业用水定额、灌溉水有效利用系数、工业用水定额、工业用水重复利用率、城镇居民生活用水定额、节水器具普及率、城镇供水管网漏损率,以及建筑业和商饮业、服务业用水定额等八个指标,构建分析评价指标体系,以反映地区用水效率和用水节水水平，并对用水总量控制、水费（税）征收率等进行定性分析，进行郑州市地下水超采区节水潜力评价。本次郑州市地下水超采区节水潜力评价选取指标及解释见表5-1。

表5-1　郑州市地下水超采区节水潜力评价选取指标及解释

类别	指标	指标解释	指标使用
城镇生活用水指标	城镇居民生活用水定额	地区城镇居民生活用水量的城镇人口平均值	[2][3][4]
	节水器具普及率	第三产业和居民生活用水使用节水器具数与总用水器具数之比	[2][3][4]
	城镇供水管网漏损率	自来水厂产水总量与收费水量之差占产水总量的百分比	[2][3][4]
工业用水指标	工业用水定额	地区评价年第三产业每产生一万元增加值的取水量	[1][2][3][4]
	工业用水重复利用率	工业用水重复利用量占工业总用水的百分比	[2][3][4]
建筑业和商饮业、服务业用水指标	建筑业和商饮业、服务业用水定额	建筑业为年用水量与年竣工建筑面积的比值；商饮业、服务业为年用水量与年产值的比值	[2][3][4]
农业用水指标	农业用水定额	种植业上指农业实际灌溉面积上的亩均用水量；林牧渔业上指生产单位实物量的用水量	[3]
	灌溉水有效利用系数	作物生长实际需要水量占灌溉水量的比例	[1][2][3]

注：[1]《实行最严格水资源管理制度考核办法》；[2]《节水型社会评价指标体系和评价方法》（GB/T 28284—2012）；[3]《节水型社会建设评价指标体系》；[4]《国家节水型城市考核标准》。

5.2　现状用水水平分析

5.2.1　现状用水指标计算

在郑州市现状用水情况调查的基础上，根据郑州市地下水超采区特点，在上述指标体系中分别选取城镇生活用水指标、工业用水指标、建筑业和商饮业、服务业用水指标，农业用水指标进行分析计算。

5.2.1.1 **城镇生活用水指标**

反映城镇生活用水水平的主要指标，选用城镇居民生活用水定额指标，计算公式如下：

$$LQ = 1\ 000 \times LW/(P_o \times 365) \tag{5-1}$$

式中 LQ——评价区城镇居民生活用水定额，L/(人·d)；

LW——评价区城镇居民生活用水总量，万 m^3；

P_o——评价区城镇居民人口，万人。

2017 年，郑州市常住人口达到 988.08 万人，其中城镇人口 713.69 万人，农村人口 274.39 万人，城镇化率为 70%，其中主城区人口较多，城镇和农村人口分别为 421.80 万人、70.20 万人。郑州市 2017 年城镇生活用水定额为 166.0 L/(人·d)，农村居民生活用水定额为 86.2 L/(人·d)，其中中牟县城镇生活用水定额较高，为 51.8 L/(人·d)。郑州市 2008~2017 年人口及生活用水定额见表 5-2~表 5-5。

表 5-2 郑州市 2008~2017 年城镇人口 （单位：万人）

行政区划	城镇人口数量									
	2008 年	2009 年	2010 年	2011 年	2012 年	2013 年	2014 年	2015 年	2016 年	2017 年
主城区	257.99	264.45	430.88	336.19	318.76	376.83	394	404.96	419.34	421.80
上街区	6.30	6.46	10.52	8.21	7.79	12.53	12.35	12.44	12.88	12.86
航空城	31.46	32.25	52.54	40.99	38.87	23.77	35.33	39.44	40.85	25.33
巩义市	34.05	35.51	49.45	37.51	39.04	40.05	41.4	43.14	44.92	46.71
新密市	31.59	32.67	48.52	36.94	38.82	39.94	41.09	42.55	44.06	46.76
新郑市	28.29	28.82	43.62	31.70	55.69	33.53	32.6	35.01	36.25	37.31
荥阳市	26.68	27.43	30.23	28.00	41.12	29.78	30.63	31.74	32.86	34.74
登封市	24.04	24.90	33.52	30.00	31.78	32.7	34.28	35.78	37.06	39.18
中牟县	23.08	24.37	33.57	25.60	26.72	27.49	18.96	21.85	22.62	49.00
全市	463.48	476.87	732.85	575.14	598.59	616.62	640.64	666.91	690.84	713.69

表 5-3 郑州市 2008~2017 年农村人口 (单位:万人)

行政区划	农村人口数量									
	2008 年	2009 年	2010 年	2011 年	2012 年	2013 年	2014 年	2015 年	2016 年	2017 年
主城区	26.85	26.13	82.40	61.88	56.27	75.91	70.75	70.69	68.69	70.20
上街区	0.66	0.64	2.01	1.51	1.37	1.01	1.26	1.24	1.2	1.19
航空城	3.27	3.19	10.05	7.55	6.86	27.04	19.52	20.57	19.99	12.88
巩义市	46.83	45.934	31.37	43.51	42.29	41.58	40.6	39.26	37.88	36.56
新密市	49.49	48.64	31.22	43.04	41.17	40.06	39.24	37.82	36.75	34.21
新郑市	34.01	33.84	32.41	37.03	42.45	30.36	32.01	30.66	29.79	26.89
荥阳市	33.32	32.86	31.16	33.41	33.79	31.72	30.91	29.84	29	27.93
登封市	41.13	40.62	33.40	37.32	35.98	35.64	34.61	33.65	32.69	31.53
中牟县	44.56	43.33	39.21	45.32	44.34	19.2	28.23	26.29	25.54	33.00
全市	280.12	275.18	293.23	310.57	304.52	302.52	297.13	290.02	281.53	274.39

表 5-4 郑州市 2008~2017 年城镇居民生活用水定额

[单位:L/(人·d)]

行政区划	城镇居民生活用水定额									
	2008 年	2009 年	2010 年	2011 年	2012 年	2013 年	2014 年	2015 年	2016 年	2017 年
主城区	151.6	151.1	123.9	139.1	144.3	142.6	157.8	173.2	171.6	182.0
上街区	119.2	114.6	115.0	117.5	147.4	141.7	153.0	156.1	180.8	181.1
航空城	108.3	114.3	117.4	142.7	138.0	130.1	130.3	119.9	114.0	324.5
巩义市	121.3	128.3	120.6	143.5	139.2	137.0	124.0	129.6	130.5	130.7
新密市	118.0	127.2	119.6	143.0	137.3	146.1	134.7	73.7	93.5	85.1
新郑市	121.8	128.9	121.2	149.8	135.2	138.1	153.3	141.3	142.8	110.3
荥阳市	119.2	114.6	115.0	117.5	147.4	141.6	134.2	112.2	115.9	90.7
登封市	115.0	128.0	120.3	121.7	115.9	111.9	127.9	98.9	97.8	155.9
中牟县	108.3	114.3	117.4	142.7	138.0	133.3	194.5	176.5	100.5	51.8
全市	139.4	141.3	122.4	138.4	141.1	139.8	152.5	153.6	151.7	166.0

表 5-5 郑州市 2008~2017 年农村居民生活用水定额

[单位:L/(人·d)]

行政区划	农村居民生活用水定额									
	2008 年	2009 年	2010 年	2011 年	2012 年	2013 年	2014 年	2015 年	2016 年	2017 年
主城区	57.1	55.4	106.0	125.5	96.8	80.8	93.2	71.1	79.7	87.7
上街区	60.4	57.9	72.8	71.3	71.1	65.4	65.1	95.0	45.7	46.0
航空城	63.4	61.6	81.5	62.5	64.4	57.4	81.4	58.9	68.5	212.7
巩义市	59.0	56.8	71.7	58.2	60.4	60.7	90.6	104.0	117.9	100.8
新密市	59.9	57.6	72.5	58.5	61.7	78.7	87.4	74.5	76.6	126.4
新郑市	59.2	56.2	71.1	55.1	61.4	71.5	68.0	73.8	77.0	62.8
荥阳市	60.4	57.9	72.8	71.3	71.1	70.8	79.8	110.2	113.4	39.2
登封市	60.2	57.6	72.5	69.2	72.4	78.6	82.8	71.1	74.2	93.8
中牟县	63.4	61.6	81.5	62.5	64.4	76.1	44.8	106.5	102.8	60.5
全市	60.0	57.7	84.3	76.6	71.6	75.0	79.8	79.4	83.5	86.2

5.2.1.2 工业用水指标

工业用水指标是反映工业用水效率的主要指标,选用工业用水定额指标,表征地区评价年万元工业增加值用水量,计算公式如下:

$$IQ_i = IW/X_i \tag{5-2}$$

式中 IQ_i——第 i 工业部门用水定额,m^3/万元,火(核)电行业单位为 m^3/亿 kW·h;

IW——评价年工业用水总量,按照水资源公报统计口径统计,不包括非常规水源利用量,m^3;

X_i——评价年第 i 工业部门增加值,万元,火(核)电行业单位为亿 kW·h。

2017 年,郑州市工业增加值为 3 512.06 亿元,其中主城区工业增加值最高,为 912.27 亿元。2017 年,郑州市规模以上万元工业增加值用水量为 17.8 m^3/万元,上街区万元工业增加值用水量较高,为 25.6 m^3/万元。郑州市 2008~2017 年工业增加值及用水定额见表 5-6 和表 5-7。

表 5-6　郑州市 2008~2017 年工业增加值　（单位:亿元）

行政区划	工业增加值									
	2008 年	2009 年	2010 年	2011 年	2012 年	2013 年	2014 年	2015 年	2016 年	2017 年
主城区	247.43	256.70	289.71	379.03	307.85	905.25	630.38	601.77	835.99	912.27
上街区	5.53	6.34	7.55	9.53	9.77	71.45	73.09	71.82	68.94	75.23
航空城	44.76	46.94	55.79	66.93	106.48	264.43	350.34	429.87	488.33	532.89
巩义市	255.16	252.64	300.58	314.97	356.09	388.19	399.40	365.30	385.30	415.23
新密市	214.42	225.20	273.23	349.92	330.85	350.77	372.36	350.76	373.92	313.56
新郑市	210.08	220.30	261.85	314.14	499.79	352.63	314.97	284.69	302.34	329.93
荥阳市	200.72	210.70	240.38	295.71	367.74	346.93	376.69	373.25	403.11	439.89
登封市	168.91	180.93	235.40	316.55	300.63	304.20	329.41	318.65	340.96	372.07
中牟县	96.13	110.10	131.22	165.59	169.76	117.90	114.49	103.14	110.87	120.99
全市	1 443.14	1 509.85	1 795.71	2 212.37	2 448.96	3 101.75	2 961.13	2 899.25	3 309.76	3 512.06

表 5-7　郑州市 2008~2017 年工业用水定额　（单位:m^3/万元）

行政区划	工业用水定额									
	2008 年	2009 年	2010 年	2011 年	2012 年	2013 年	2014 年	2015 年	2016 年	2017 年
主城区	32.7	35.5	31.7	24.3	25.5	16.0	20.2	22.0	19.6	19.1
上街区	32.4	35.8	33.3	28.0	29.4	23.1	22.6	26.0	25.1	25.6
航空城	32.1	33.7	30.0	24.9	24.5	16.7	15.1	13.0	11.2	10.6
巩义市	34.6	33.4	29.1	28.5	25.5	23.8	18.9	17.6	14.3	11.5
新密市	32.7	31.4	27.5	22.4	27.1	22.3	21.4	24.0	24.1	20.5
新郑市	27.1	29.5	29.1	25.0	18.9	18.1	15.3	18.0	15.8	14.6
荥阳市	32.4	35.8	33.3	28.0	29.4	19.8	15.9	16.0	17.5	18.7
登封市	31.6	29.9	26.9	24.7	23.5	20.2	17.8	20.0	19.4	17.1
中牟县	32.1	33.7	30.0	24.9	24.5	17.9	19.0	21.0	10.7	13.1
全市	32.0	33.0	29.8	24.7	24.6	17.9	18.1	19.0	16.8	17.8

5.2.1.3　第三产业用水指标

第三产业用水指标是反映第三产业用水水平的主要指标，选用第三产业用水定额指标，建筑业上表征为第三产业单位产值用水量。计算公式如下：

$$SQ_i = SW/Y_i \tag{5-3}$$

式中　SQ_i——第 i 用水部门用水定额，m^3/万元，建筑业单位为 m^3/m^2；

SW——评价年建筑业和商饮业、服务业用水总量，按照水资源公报统计口径统计，不包括非常规水源利用量，m^3；

Y_i——评价年第 i 用水部门产值，万元，建筑业单位为 m^2。

根据上式计算得出，2017 年郑州市第三产业产值为 4 972.00 亿元，用水定额为 2.8 m^3/万元，其中主城区第三产业产值最高，为 3 002.33 亿元，航空城用水定额最高，为 6.7 m^3/万元。郑州市 2008~2017 年第三产业产值及用水定额见表 5-8、表 5-9。

表 5-8　郑州市 2008~2017 年第三产业产值　　（单位：亿元）

行政区划	第三产业产值									
	2008 年	2009 年	2010 年	2011 年	2012 年	2013 年	2014 年	2015 年	2016 年	2017 年
主城区	839.73	937.82	1 106.21	1 302.67	1 444.25	1 719.64	1 957.03	2 136.40	2 426.67	3 002.33
上街区	12.89	14.39	16.98	19.99	22.16	26.39	39.12	43.04	47.63	55.91
航空城	19.24	21.49	25.35	29.85	33.10	39.41	58.58	100.16	119.24	195.08
巩义市	74.16	82.83	97.70	119.60	143.96	162.34	199.10	227.20	259.24	300.15
新密市	75.75	84.60	99.79	121.17	148.91	169.73	232.19	269.49	304.44	360.04
新郑市	65.22	72.84	85.92	101.29	145.43	137.20	209.08	250.07	295.59	333.13
荥阳市	64.66	72.21	85.18	101.15	137.87	130.36	160.33	191.09	218.66	258.40
登封市	45.04	50.30	59.33	95.69	106.96	121.64	168.86	198.35	224.55	276.24
中牟县	53.11	59.32	69.97	82.55	91.83	77.68	118.40	140.61	164.13	190.72
全市	1 249.80	1 395.80	1 646.43	1 973.96	2 274.47	2 584.39	3 142.69	3 556.41	4 060.15	4 972.00

表 5-9　郑州市 2008~2017 年第三产业用水定额　（单位：m^3/万元）

行政区划	第三产业用水定额									
	2008 年	2009 年	2010 年	2011 年	2012 年	2013 年	2014 年	2015 年	2016 年	2017 年
主城区	6.0	5.5	4.9	4.2	4.5	4.4	3.7	3.6	3.5	3.3
上街区	16.1	14.7	13.1	11.3	12.1	11.9	8.2	8.4	7.6	—
航空城	14.2	13.0	11.6	10.0	10.7	10.5	7.3	4.8	1.7	6.7
巩义市	2.6	2.2	2.0	1.7	2.2	1.7	2.1	2.0	2.2	1.8
新密市	4.5	2.7	2.4	2.0	1.8	3.2	1.4	1.4	1.3	1.4
新郑市	7.9	4.4	3.9	3.4	3.5	2.5	1.6	1.5	1.3	2.0
荥阳市	4.9	1.4	1.2	1.0	0.7	0.8	0.8	0.7	0.7	0.6
登封市	7.3	4.1	3.7	2.3	1.6	1.8	1.2	1.1	1.3	1.7
中牟县	5.4	1.4	1.3	1.1	0.9	1.2	1.0	1.0	3.0	2.4
全市	6.0	4.8	4.3	3.7	3.7	3.8	3.0	2.9	2.8	2.8

5.2.1.4　农业用水指标

农业用水指标是反映农业用水效率的主要指标，选取农业用水定额指标。计算公式如下：

$$AQ_i = AW/S_i \tag{5-4}$$

$$AQ_{畜} = 1\,000 \times AW_{畜} / (S_{畜} \times 365) \tag{5-5}$$

式中　AQ_i——第 i 农业部门（作物）用水定额，种植业为净定额，林牧渔业为毛定额，m^3/亩；

AW——评价区第 i 农业部门（作物）用水总量，万 m^3；

S_i——评价区第 i 农业部门（作物）的实物量，万亩；

$AQ_{畜}$——牲畜养殖业用水定额，L/（头·d）；

$AW_{畜}$——牲畜养殖业年用水总量，m^3；

$S_{畜}$——牲畜数量，头。

2017 年，郑州市农田实际灌溉面积为 253.73 万亩，其中中牟县农田实际灌溉面积最大为 83.01 万亩；2017 年郑州市农业灌溉定额为 137.0 m^3/亩，其中中牟县农业灌溉定额较高，为 234.0 m^3/亩。郑州市 2008~2017 年农田实际灌溉面积及农业灌溉定额见表 5-10、表 5-11。

表 5-10　郑州市 2008~2017 年农田实际灌溉面积　　（单位：万亩）

行政区划	农田实际灌溉面积									
	2008 年	2009 年	2010 年	2011 年	2012 年	2013 年	2014 年	2015 年	2016 年	2017 年
主城区	17.26	25.78	29.78	28.89	29.32	15.90	13.83	12.24	11.88	12.97
上街区	6.31	5.77	5.44	5.50	5.58	1.56	0.89	0.20	0.24	0.21
航空城	14.21	11.78	9.96	11.10	11.22	6.00	4.00	7.37	15.90	7.81
巩义市	42.00	23.19	18.68	20.43	20.73	23.31	22.96	22.80	24.45	20.66
新密市	40.01	29.57	16.71	16.61	16.86	14.15	16.70	16.70	16.70	17.70
新郑市	55.56	46.07	38.94	43.40	43.87	50.43	51.59	48.11	44.09	51.00
荥阳市	52.46	42.08	39.78	39.89	40.48	27.78	44.94	45.32	45.47	48.04
登封市	37.31	22.02	16.17	16.74	17.22	11.63	11.63	11.63	14.24	12.33
中牟县	94.92	86.76	81.74	82.73	83.86	81.90	82.20	78.31	73.79	83.01
全市	360.04	293.02	257.19	265.29	269.14	232.66	248.74	242.68	246.76	253.73

表 5-11　郑州市 2008~2017 年农业灌溉定额　　（单位：m^3/亩）

行政区划	农业灌溉定额									
	2008 年	2009 年	2010 年	2011 年	2012 年	2013 年	2014 年	2015 年	2016 年	2017 年
主城区	204.0	96.8	92.0	88.9	85.5	189.0	220.1	269.0	232.0	122.0
上街区	105.4	86.8	83.2	83.9	75.9	141.7	197.7	113.0	83.0	25.0
航空城	219.5	396.1	253.6	224.0	218.2	142.3	187.5	110.0	138.0	102.0
巩义市	58.7	92.0	110.0	81.1	64.7	113.1	113.5	113.2	113.3	155.0
新密市	61.0	63.4	124.7	97.9	104.5	133.0	139.1	119.0	133.0	68.0
新郑市	66.3	78.5	81.3	82.7	73.9	88.2	70.3	87.0	116.0	105.0
荥阳市	105.4	86.8	83.2	83.9	75.9	116.4	120.2	112.0	123.0	89.0
登封市	42.4	73.8	87.8	79.3	75.7	117.8	75.6	50.0	100.0	70.0
中牟县	219.5	396.1	253.6	224.0	218.2	208.7	223.8	235.0	261.0	234.0
全市	120.0	177.1	143.8	129.1	122.9	153.4	153.2	156.0	173.0	137.0

5.2.2　趋势分析

结合以上指标计算结果，分析各指标年变化趋势。各指标变化趋势如下所述。

5.2.2.1　生活用水指标

由图 5-1、图 5-2 可知，郑州市 2008～2017 年城镇居民人口总体上呈现增加的趋势，2017 年达到 713.69 万人，其中主城区城镇人口增长最快；2008～2017 年，除主城区外，郑州市农村居民人口变化较为平稳，2016～2017 年全市各行政区农村居民人口均有所增加。由图 5-3、图 5-4 可以看出，郑州市 2008～2014 年城镇居民生活用水定额变化不大，2014 年之后，航空城、登封市城镇居民生活用水定额上升较快，其他地区城镇居民生活用水定额均趋势较为平稳；郑州市 2008～2015 年农村生活用水定额变化不大，2015 年之后，主城区、航空城、新密市农村居民生活用水定额有所上升，其他地区农村居民生活用水定额均有所下降。

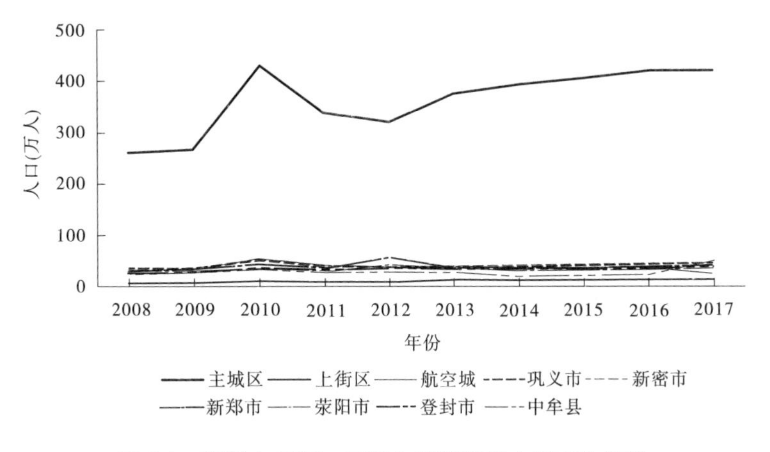

图 5-1　郑州市 2008～2017 年城镇居民人口变化趋势

5.2.2.2　工业用水指标

由图 5-5、图 5-6 可以看出，郑州市工业增加值总体呈现逐年增加的趋势，2017 年全市工业增加值最高达到 3 512.05 亿元，其中主城区工业增加值增加较快，但同时随着工业节水工艺的提高，工业用水定额总体呈现下降态势，2017 年全市万元工业增加值用水量为 17.8 m^3/万元。

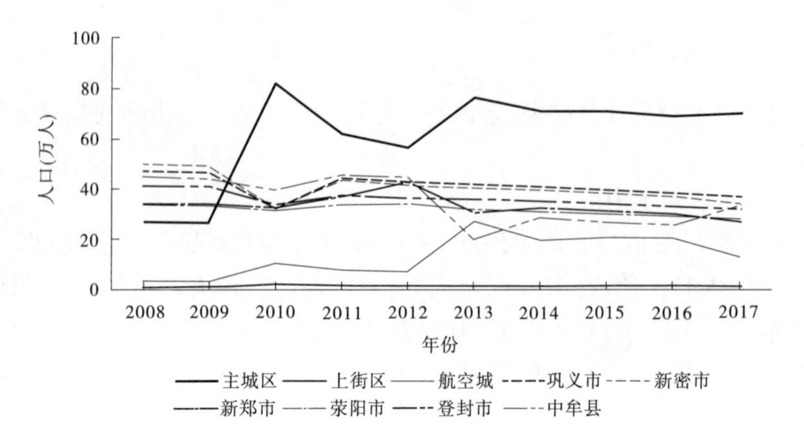

图 5-2 郑州市 2008~2017 年农村居民人口变化趋势

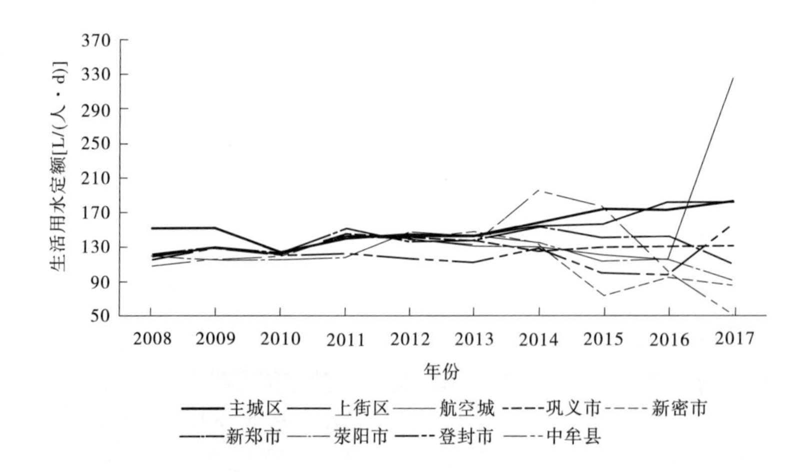

图 5-3 郑州市 2008~2017 年城镇居民生活用水定额变化趋势

5.2.2.3 第三产业用水指标

由图 5-7、图 5-8 可以看出，由于产业结构调整，将经济发展中心由高耗水的农业调整为低耗水的第三产业，因此第三产业产值逐年增加，2017 年第三产业产值达到 4 972.00 亿元，主城区第三产业产值远高于其他市、县(区)，同时由于节水工艺和人们节水意识的提高，用水定额总体呈现逐年下降的趋势，2017 年第三产业用水定额最低为 2.8 m^3/万元。

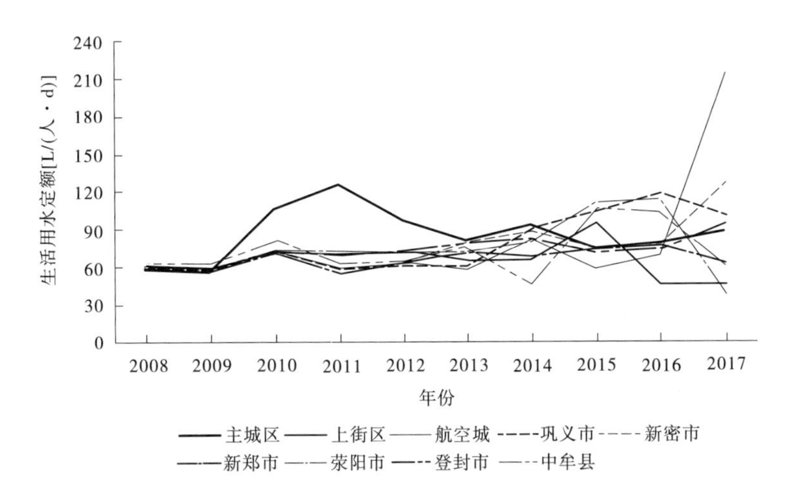

图5-4 郑州市2008~2017年农村居民生活用水定额变化趋势

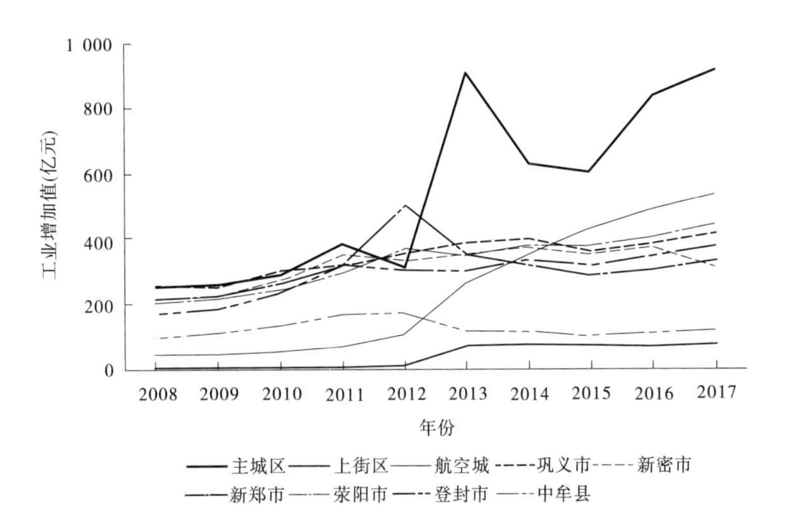

图5-5 郑州市2008~2017年工业增加值变化趋势

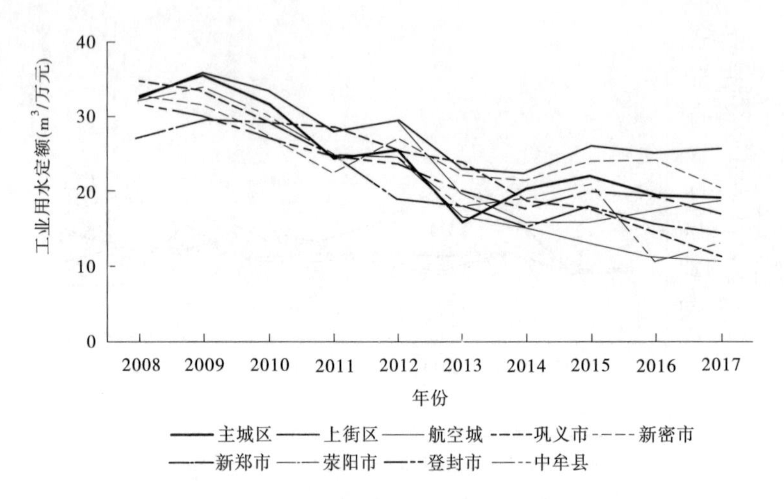

图 5-6　郑州市 2008~2017 年工业用水定额变化趋势

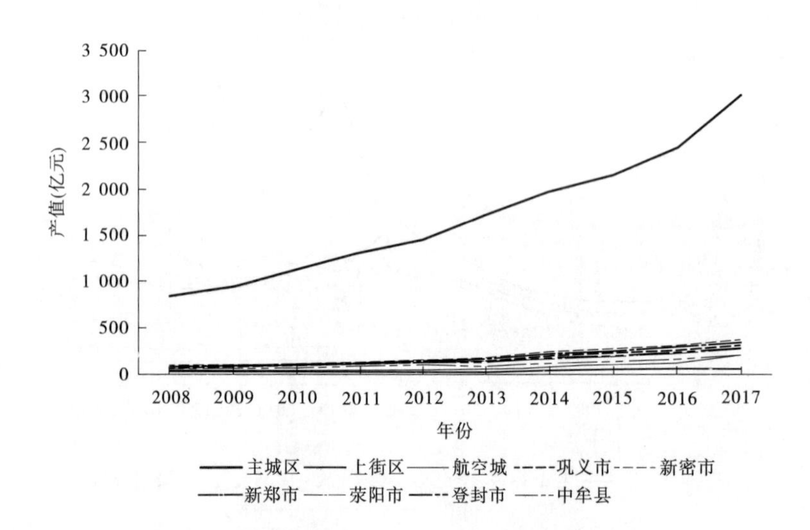

图 5-7　郑州市 2008~2017 年第三产业产值变化趋势

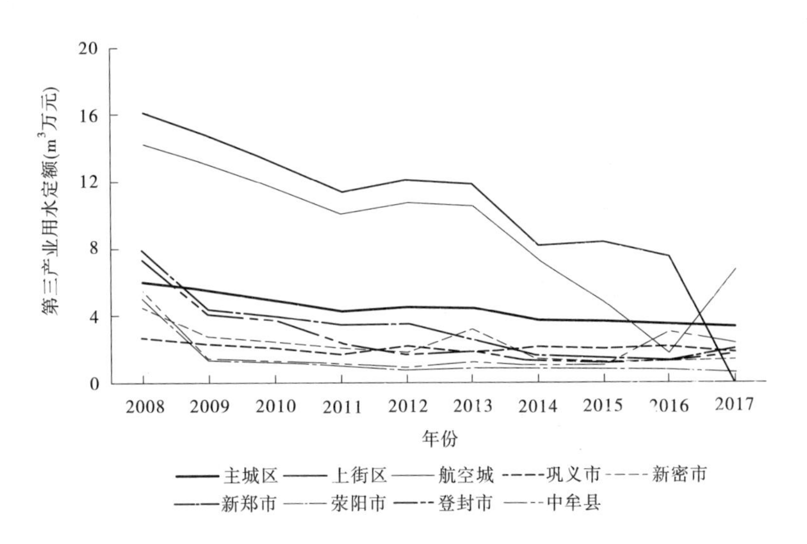

图 5-8 郑州市 2008~2017 年第三产业用水定额变化趋势

5.2.2.4 农业用水指标

由图 5-9、图 5-10 可以看出，由于产业结构调整，郑州市 2008~2017 年农业灌溉面积总体呈减少的趋势，近几年农田灌溉面积变化较为稳定，2017 年为 253.73 万亩，农田灌溉受降水条件影响较大，降水丰富时灌溉定额小，干旱时用水定额大，因此用水定额波动较大。

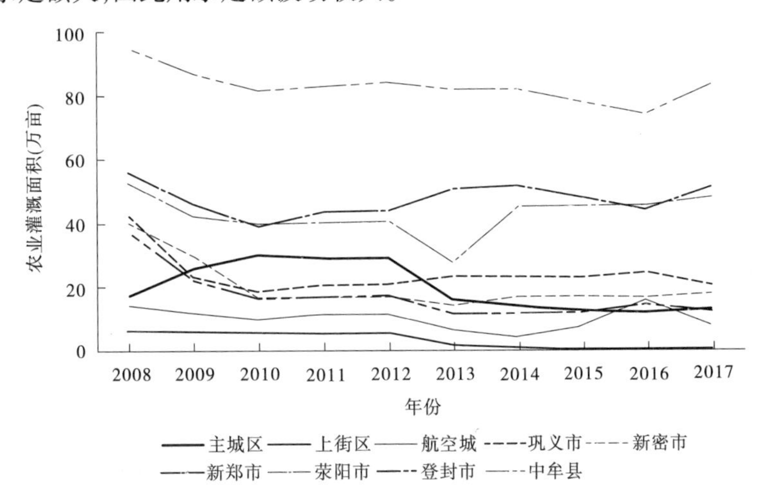

图 5-9 郑州市 2008~2017 年农业灌溉面积变化趋势

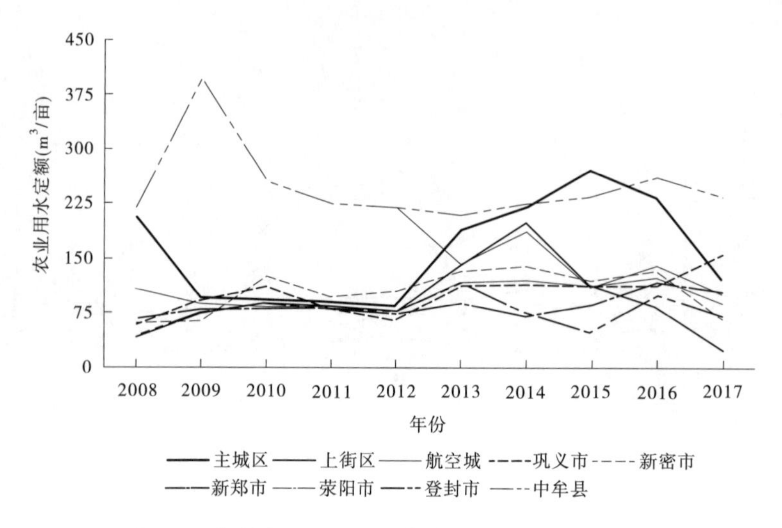

图 5-10 郑州市 2008~2017 年农业用水定额变化趋势

5.3 现状节水水平分析

通过对郑州市现状用水水平的分析和节水情况的调查(节水灌溉面积发展、工艺设备改造更新、城镇管网漏损率、用水管理和节水管理能力建设、节水政策法规建设、节水宣传教育、新技术推广应用等),构建节水管理评价指标,分析评价区节水管理工作与制度是否完善,并分别在农业、工业、城镇生活和综合用水等方面选取指标来反映节水的程度与水平。

5.3.1 节水管理

选取管理体制与管理结构、制度法规、节水型社会建设规划、用水总量控制与定额管理两套指标体系的建立与实施、促进节水防污的水价机制、节水投入保障和节水宣传节等七项指标作为本次节水水平分析的依据。节水管理评价指标及其指标含义解释见表 5-12。

5.3.1.1 管理体制与管理机构

郑州市具有较为完善的管理体制与管理机构,郑州市供水节水技术中心内设综合科、计划科、水资科、工程科、监察科五个机构,负责水资源和节约用水的具体管理工作。

表5-12　节水管理评价指标及其指标含义解释

指标	指标含义解释
管理体制与管理机构	涉水事务一体化管理;节水管理机构、用水者协会建设情况
制度法规	具有系统性的水资源管理法规、规章,特别是计划用水、节约用水的法规与规章制度
节水型社会建设规划	节水型社会建设规划情况
用水总量控制与定额管理两套指标体系的建立与实施	取用水总量控制指标及用水定额指标的贯彻落实情况
促进节水防污的水价机制	建立充分体现水资源紧缺、水污染严重状况,促进节水防污的水价机制
节水投入保障	节水工作的建设投入、融资工作
节水宣传节	水教育培训、宣传、舆论监督、举报机制等工作的开展情况

(1)综合科:负责中心的行政事务管理和综合协调工作,负责组织、宣传、职工教育和培训工作。

(2)计划科:负责城市年度用水计划的报批和下达;负责全市用水情况的调查和用水合理化分析,为加强计划用水管理工作提供决策依据;负责全市计划用水管理、计划用水单位考核工作;负责组织计划用水单位进行年度节水先进单位和先进个人的评选工作;负责各项计划用水指标的统计工作;负责计划用水单位超计划用水加价水费的征收工作。

(3)水资科:负责城市规划区内地下水的开发、利用和保护管理工作;负责城市自备井的抄表计量、计划考核;负责城市地下水的人工回灌、科学技术研究成果的推广应用和科学保护工作;负责城市水源热泵井的管理工作;负责城市地下水的调查、评价、监测工作;负责指导城市地表水水质监测工作,监督单位自备井的水质检验工作。

(4)工程科:编制城市节水近、中、远期发展规划;参与城市建设工程节约用水设施的设计审查、项目审批和竣工验收;负责指导用水单位兴建节水工程,实现一水多用、循环利用和废水处理回用,提高水的重复利用率;负责郑州市洗车行业节约用水的管理工作。负责指导用水单位进行水平衡测试,编制、调整和报批各类城市用水定额;负责城市节水新技术、新工艺、新经验和新节水器具的推广应用,以及节水技术培训工作;负责组织实施创建节水型城市工作,组织实施、验收和报批节水型企业(单位)工作;负责节水统计工作。

(5)监察科:负责贯彻执行国家、省、市有关城市供水、节水、地下水等相关的水法律、法规和方针政策;根据有关法律、法规,对水事违法行为进行行政执法工作;负责有关行业管理方面的行政复议和行政诉讼工作;负责办理有关行业管理方面的人大、政协议案和提案,以及市委、市政府需要查办上报的行业管理事项。

同时,郑州市实行全市水资源分级管理,明确了市区两级计划用水管理、水资源费征收、取水许可、执法监察等事项,坚持"放、管、服"并重,出台了"五单一网"制度,进一步明晰了监管职责、减少了管理环节、提高了工作效率。

5.3.1.2 制度法规

郑州市高度重视依法治水、依法管水,制定了一系列涉及城市供水、节水、地下水保护、非常规水利用方面的法规及规范性文件,各相关职能部门制定了供水、节水方面的实施细则和程序性规定。有城市节水奖惩办法,定期开展节水先进工作者的表彰工作,有完善的奖惩台账记录。

郑州市人大出台了《郑州市节约用水条例》《郑州市水资源管理条例》《郑州市城市供水管理条例》《郑州市城市饮用水源保护和污染防治条例》等地方条例,以及《郑州市城市供水管理办法》、《郑州市人民政府关于推进节水型社会建设的实施意见》(郑政〔2006〕24号)、《郑州市人民政府关于实行最严格水资源管理制度的实施意见》(郑政〔2014〕27号)等规范性文件,形成了较为完善的法律法规体系。制定了地下水资源管理工作制度、计划用水考核管理工作制度、规费征收管理工作制度等,完善了水资源管理制度。另外,郑州市出台了《节约用水奖励办法》,定期开展郑州市节约用水先进单位和先进个人的表彰工作,并对先进个人给予行政奖励奖金,促进节水。

5.3.1.3 节水型社会建设规划

郑州市于2005年成为全国节水型社会建设试点,由中国水利水电科学研究院、郑州市水务局编制了《郑州市节水型社会建设规划》,明确目标任务,全面落实节水型城市建设工作责任,并严格按照规划持续推进节水型城市建设,取得了较为显著的成绩。

5.3.1.4　用水总量控制与定额管理

1.用水总量控制目标分析

经对比分析,2017 年用水总量控制指标约为 21.6 亿 m^3,实际用水总量为 186 541 万 m^3,各市、县(区)2017 年用水总量均达到用水总量控制目标。

郑州市 2017 年用水总量控制目标分析见表 5-13。

表 5-13　郑州市 2017 年用水总量控制目标分析　（单位:万 m^3）

行政区划	用水总量控制目标	实际用水总量	差值
新密市	18 473	14 046	4 427
新郑市	19 372	14 587	4 785
荥阳市	17 908	16 530	1 378
登封市	16 586	14 512	2 074
中牟县	33 908	24 013	9 895
主城区	87 518	83 972	3 546
航空城	17 706	15 700	2 006
上街区	4 526	3 181	1 345
全市	215 997	186 541	29 456

注:表中用水总量控制目标引自《郑州市“十三五”“三条红线”考核量化指标分解及水资源消耗总量和强度双控工作实施方案》;实际用水量的数据引自《郑州市水资源公报》。

2.用水定额分析

经对比分析,郑州市 2017 年万元 GDP 用水量控制目标为 14.2 m^3/万元,实际定额为 12.2 m^3/万元,全市除荥阳市、航空城万元 GDP 用水量略大于控制目标外,其他市、县(区)均达到控制目标;郑州市 2017 年万元工业增加值用水量控制目标为 15.8 m^3/万元,实际定额为 17.8 m^3/万元,全市只有新郑市和中牟县达到控制目标,工业具有一定的节水潜力。

郑州市 2017 年用水总量控制目标分析见表 5-14。

表 5-14　郑州市 2017 年用水总量控制目标分析（单位：m^3/万元）

行政区划	万元 GDP 用水量			万元工业增加值用水量		
	控制目标	实际定额	是否达标	控制目标	实际定额	是否达标
新密市	15.1	12.5	是	18.0	20.5	否
新郑市	15.9	12.7	是	15.0	14.6	是
荥阳市	17.1	19.3	否	14.0	18.7	否
登封市	15.1	13.8	是	16.2	17.1	否
中牟县	71.2	60.8	是	16.9	9.0	是
主城区	7.3	6.8	是	16.1	19.1	否
航空城	11.3	11.5	否	12.0	15.4	否
上街区	16.4	12.7	是	18.6	25.6	否
全市	14.2	12.2	是	15.8	17.8	否

注：表中控制目标数据引自《郑州市 2019 年国家节水型城市复查报告》；实际定额数据引自《郑州市水资源公报》。

5.3.1.5　水价机制

1.再生水价格标准

郑州市根据《郑州市物价局关于制定中水价格的通知》（郑价综〔2006〕51 号）文件，对郑州市再生水价格进行规定：王新庄污水处理厂二级处理再生水价格为 0.55 元/m^3；五龙口污水处理厂三级处理再生水价格为 1.00 元/m^3；对自建取用再生水主管网的用户，再生水价格优惠，二级处理再生水价格为 0.35 元/m^3；三级处理再生水价格为 0.75 元/m^3。

2.特种行业水价

自 2015 年 12 月 1 日起，郑州市按照《河南省发展和改革委员会 河南省财政厅 河南省水利厅关于调整我省水资源费征收标准的通知》（豫发改价管〔2015〕1347 号）文件要求征收特种行业水资源费。

自 2016 年 1 月 1 日起，郑州市根据《郑州市物价局关于调整郑州市市区城市集中供水价格的通知》（郑价公〔2015〕36 号），确定公共供水特种行业用水综合水价为 16.00 元。

3.施行梯级水价

居民阶梯水价的基础工作为“一户一表”改造，郑州市从 2011 年积极推进“一户一表”改造工作，每年财政投入大量资金用于居民“一户一表”改造工作。自 2016 年 1 月 1 日起，根据《郑州市物价局关于调整郑州市市区城市集中供水价格的通知》（郑价公〔2015〕36 号）文件，对郑州市居民生活用水按三级用水阶梯实行阶梯水价，阶梯式计量水价分为三级，级差为 1∶1.5∶3。阶梯水量以年度为计量周期，每户按 4 口人计（含 4 人），每增加 1 人，年用水量基数增加 36 m^3。居民生活用水价格如下：第一阶梯年用水量为 180 m^3 以内部分，综合水价为 4.10 元/m^3；第二阶梯年用水量为 181～300 m^3 部分，综合水价为 5.65 元/m^3；第三阶梯年用水量为 301 m^3 以上部分，综合水价为 10.30 元/m^3。

4.污水处理费

郑州市根据《河南省城市污水处理费征收使用管理办法》（省政府第 94 号令），及时全面征收污水处理费。自来水污水处理费随综合水价征收，自备水污水处理费由市节水办根据自备井取水量单独征缴。自 2017 年 1 月 1 日起，郑州市按照《郑州市物价局、财政局、城市管理局关于调整郑州市污水处理收费标准的通知》（郑价公〔2016〕17 号）文件要求征收污水处理费，征收标准不低于《河南省发展和改革委员会关于我省落实国家三部委〈关于制定和调整污水处理收费标准等有关问题的通知〉的实施意见》（豫发改价管〔2015〕885 号）文件标准要求。2017 年污水处理费征收率为 99.28%。2018 年污水处理费征收率为 99.05%。

5.水资源费（税）

郑州市根据国务院《取水许可和水资源费征收管理条例》（国务院第 460 号令）、《河南省取水许可制度和水资源费征收管理办法》（省政府第 126 号令）、《郑州市水资源管理条例》，由市节水办严格按照《河南省发展和改革委员会 河南省财政厅 河南省水利厅关于调整我省水资源费征收标准的通知》（豫发改价管〔2015〕1347 号）文件要求征收水资源费。自 2017 年 12 月 1 日起，根据《关于印发河南省水资源税改革试点实施办法的通知》（豫政〔2017〕44 号）文件要求，由税务局对水资源税进行征收。郑州市水资源费（税）征收统计见表 5-15。

表 5-15　郑州市水资源费(税)征收统计表

年度	应收(万元)	实收(万元)	收缴率(%)	备注
2017	1 329.96	1 318.29	99.12	水资源费(2017 年 1 月至 2017 年 11 月)
2018	6 327.62	6 327.62	100.00	水资源税(2017 年 12 月至 2018 年 12 月)

注:表中控制目标数据引自《郑州市 2019 年国家节水型城市复查报告》。

6.节水投入保障

2017 年,郑州市城市节水专项财政投入为 1.63 亿元,市本级财政支出 657.4 亿元,城市节水专项财政投入占本级财政支出的比例为 2.5‰;城市节水资金投入为 1.789 亿元,其中城市节水专项财政投入为 1.63 亿元,社会节水资金投入 1 569.03 万元,城市节水资金投入占本级财政支出的比例为 2.72‰。

2018 年,郑州市城市节水专项财政投入为 1.36 亿元,市本级财政支出为 728.4 亿元,城市节水专项财政投入占本级财政支出的比例为 1.9‰;城市节水资金投入为 1.425 亿元,其中城市节水专项财政投入 1.36 亿元,社会节水资金投入 635.17 万元,城市节水资金投入占本级财政支出的比例为 1.96‰。

5.3.2　节水工程规划

5.3.2.1　农业节水工程

根据《河南省重点中型灌区节水配套改造"十三五"规划编制报告》,将对郑州市位于超采区内且具备一定压采条件的灌区进行改造,改造后灌溉面积为 26.2 万亩,灌区节水量为 1 697 万 m^3,灌区压采量为 818 万 m^3。

在地下水超采区进行高效节水改造工程,实施低压管灌、喷灌和微灌,同时结合高效节水灌溉,适度发展设施农业。郑州市节水灌溉面积及节水量见表 5-16。

表 5-16　郑州市节水灌溉面积及节水量

规划时段	节水灌溉面积(万亩)				节水量(万 m^3)			
	低压管灌	喷灌	微灌	小计	低压管灌	喷灌	微灌	小计
2016~2020	9.90	2.00	0.29	12.19	178	138	26	342
2021~2030	8.40	1.00	1.00	10.40	151	69	89	309

注:表中控制目标数据引自《河南省地下水超采区治理规划》。

5.3.2.2　工业节水工程

制定国家鼓励和淘汰的用水技术、工艺、产品和设备目录，修订行业取用水定额标准。开展节水诊断、水平衡测试、用水效率评估，严格用水定额管理。加快推进制造业供给侧结构性改革，淘汰落后产能。以产业集聚区为抓手，以高耗水工业技术改造和工业绿色发展为重点，推进工业节水。

（1）积极促进工业结构调整。依据不同区域水资源和经济社会发展水平，通过强化用水总量控制和定额管理、严格取水许可管理等措施，限制高耗水、重污染、低效率行业的盲目发展，加快淘汰落后产能，科学引导和促进工业结构和布局的合理调整。

（2）大力推进工业循环发展。加强工业水循环利用，大力发展循环用水系统、串联用水系统和回用水系统。优化蒸汽冷凝水回收网络，推广蒸汽冷凝水回收再利用技术。发展外排水回用和“零排放”技术，推广外排废水处理后回用于循环冷却水系统的技术。鼓励钢铁、造纸、化工等高耗水企业的废水深度处理回用。

（3）大力推广节水工艺技术与设备。重点抓好钢铁、化工、冶金、纺织、造纸、食品等高耗水行业的节水技术改造，按照《国家鼓励的工业节水工艺、技术和装备目录》，推广高效冷却、热力和工艺系统节水、洗涤节水、工业给水和废水处理、非常规水源利用等节水技术和生产工艺。推广节水新工艺，大力推行清洁生产，促进废水循环利用和综合利用，实现废水减量化。

（4）大力推进节水型企业建设。进一步推进节水型企业创建活动，通过强化管理、加强节水技术改造、开展水平衡测试等措施，提高企业节水水平和用水效率，树立行业节水典范，促进企业自觉节水。

（5）建立工业节水激励机制。建立工业节水发展基金，通过财政贴息和税收优惠等政策，鼓励和支持企业节水改造。

5.3.2.3　城镇生活节水工程

以节水型城市建设为载体，以推广节水器具、改造城市供水管网、扩大节水宣传为抓手，推进城镇生活节水。新建、改建、扩建项目用水要达到行业先进水平，节水设施应与主体工程同时设计、同时施工、同时投运。组织开展节水型公共机构示范创建工作。

（1）推广节水型器具。加大国家及河南省有关节水政策和技术标准的执行力度，制定优惠政策鼓励使用节水型器具，淘汰不符合节水标准的生活用水器具。推广节水型水龙头，推广节水型便器系统。新建小区全面推广节水型用水器具，发展“节水型住宅”。老旧小区通过政策引导，逐步推广节水型器具。

(2)加强城市供水管网改造。制定城镇公共供水管网改造规划,提高输配水效率和供水效益,完成对使用年限超过50年和材质落后供水管网的改造。推广预定位检漏技术和精确定位检漏技术,推动应用新型管材。

(3)加强公共用水管理。普及公共建筑空调循环冷却技术,鼓励采用空气冷却技术,推广应用锅炉蒸汽冷凝水回用技术。新建公共建筑必须使用节水器具,限期淘汰公共建筑中不符合节水标准的器具。园林绿化等环境用水优先使用再生水。促进景观用水循环利用,发展机动车洗车节水技术。缺水地区、生态脆弱地区限制洗浴、洗车等高用水服务业的发展。

(4)全面推进"海绵"城市建设。加强"海绵"城市试点建设,发挥鹤壁市作为国家级"海绵"城市和许昌市等8个省级"海绵"城市的示范引领作用。推广"海绵"型建筑与小区,因地制宜地采取屋顶绿化、雨水调蓄与收集利用等措施,提高建筑与小区的雨水积存和蓄滞能力。建立和完善渗、滞、蓄、净、用、排等工程的总体布局,全面推进"海绵"城市建设。

5.3.3 各部门(行业)用水效率

结合郑州市具体情况,在评价指标体系中选取能够反映评价区节水情况的指标,对评价区用水效率进行计算,并结合计算结果分析郑州市地下水超采区节水的程度和水平,拟选取指标与计算方法如下所述。

5.3.3.1 城镇生活用水指标

选用每千米每天自来水厂产水总量与收费水量之差,即城镇管网漏损率指标,其为反映城镇生活节水情况的主要指标。计算公式如下:

$$R_{漏} = (W_{供} - W_{收})L_{供}/365 \tag{5-6}$$

式中 $R_{漏}$——城镇供水管网漏损率,$m^3/(km/d)$;

$L_{供}$——自来水厂管网总长度,km;

$W_{供}$——自来水厂供水量,m^3;

$W_{收}$——自来水厂收费水量,m^3。

另外,选取节水器具普及率为反映城镇生活节水情况的次要指标,计算公式如下:

$$\beta = M_{节}/M_{总} \times 100\% \tag{5-7}$$

式中 β——节水器具普及率;

$M_{节}$——节水器具数量,万个;

$M_{总}$——在用用水器具,万个。

1.管网漏损率

根据上式进行计算,郑州市2017年、2018年城市公共供水管网综合漏损率分别为15.93%、15.29%,修正后的管网漏损率分别为10.42%、9.89%,如表5-17所示。

表5-17　郑州市2017年、2018年城市公共供水管网漏损率计算

年份	供水总量(万 m^3)	管网漏损率(%)	修正后漏损率(%)
2017	37 784.9	15.93	10.42
2018	40 682.9	15.29	9.89

注:表中控制目标数据引自《郑州市2019年国家节水型城市复查报告》。

2.节水器具普及率

根据调查,在郑州市用水器具市场中,节水型器具占比达100%,用水量排名前10的公共建筑节水器具普及率达100%。同时,郑州市节水办公室在城市公厕、公园等公共用水场所免费开展节水器具维护更换工作,加强节水器具的普及推广宣传,并依据抽检结果发布《郑州市节水器具推荐产品名录》,引导市民积极选购节水效能高的用水器具。

5.3.3.2　**工业用水指标**

工业用水指标是反映工业节水情况的主要指标,选用工业用水重复利用率指标,表征工业用水重复利用量占工业总用水的百分比。计算公式如下:

$$\eta = W_{重} / W_{总} \times 100\% \tag{5-8}$$

式中　η——工业用水重复率(%);

$W_{重}$——重复利用的水量,m^3;

$W_{总}$——总用水量,m^3。

根据《河南省城乡建设统计资料汇编》(办节约〔2019〕206号)中的数据进行计算,郑州市2017年、2018年工业用水重复利用率分别为90.92%、89.31%,见表5-18。

表5-18　郑州市2017年、2018年工业用水重复利用率计算

序号	项目	2017年	2018年	备注
1	年工业生产重复利用总水量(万 m^3)	108 963	99 440	
2	电厂重复利用水量(万 m^3)	79 034.52	76 074.07	
3	不含电厂重复利用水量(万 m^3)	29 928.48	23 365.93	
4	郑州市年工业新取水量(万 m^3)	3 370.00	3 086.00	

续表 5-18

序号	项目	2017 年	2018 年	备注
5	电厂取水量(万 m^3)	381.71	289.77	
6	不含电厂新取水量(万 m^3)	2 988.29	2 796.23	
7	工业新取水与重复利用水量之和(万 m^3)	32 916.77	26 162.16	不含电厂
8	工业用水重复利用率(%)	90.92	89.31	不含电厂

注:表中控制目标数据引自《郑州市 2019 年国家节水型城市复查报告》。

5.3.3.3　农业用水指标

农业用水指标是反映农业节水情况的主要指标,选用灌溉水有效利用系数指标,表征作物生长实际需要水量占灌溉水量的比例。计算公式如下:

$$\eta_i = AW_n^i / AW_i \tag{5-9}$$

式中　η_i——第 i 农业用水部门灌溉水有效利用系数;

AW_n^i——评价区第 i 农业用水部门农田净灌溉水量,万 m^3;

AW_i——评价区第 i 农业用水部门农田灌溉总取水量,万 m^3。

根据《郑州市水资源综合规划》,本次计算农田灌溉有效利用系数选取为 0.669。

5.4　节水标准与指标确定

5.4.1　节水指标

在现状用水调查,以及各部门、各行业用水定额和用水效率分析的基础上,根据对郑州市当地水资源条件、经济社会发展状况、科学技术水平、水价等因素的综合分析,参考省内、省外、国外先进用水水平的指标与参数,以及有关部门制定的相关节水标准与用水标准,通过采取综合节水措施,确定各地区的分类用水定额、用水效率等指标及其适用范围。

评价指标可以分成越小越优和越大越优两类。越小越优的指标有城镇居民生活用水定额,城镇管网漏损系数,工业用水定额,建筑业和商饮业,服务业用水定额,农业用水定额;越大越优的指标是灌溉水有效利用系数、工业用水重复利用率、节水器具普及率。

根据指标类型确定以上节水指标标准值,采用规划水平年各指标的期望值,即规划值作为节水指标标准值,依据评价区各行业发展规划确定,用于计算各部门(行业)节水潜力。节水指标的确定见表 5-19。

表 5-19　节水指标

类别	评价指标	指标类型	规划值
农业用水指标	农业用水定额	越小越优	规划水平年期望值
	灌溉水有效利用系数	越大越优	规划水平年期望值
工业用水指标	工业用水定额	越小越优	规划水平年期望值
	工业用水重复利用率	越大越优	规划水平年期望值
城镇生活用水指标	城镇管网漏损率	越小越优	规划水平年期望值
	节水器具普及率	越大越优	规划水平年期望值
建筑业和商饮业、服务业用水指标	建筑业和商饮业、服务业用水定额	越小越优	规划水平年期望值

5.4.2　节水标准

根据《规划和建设项目节水评价技术要求》(办节约〔2019〕206 号),结合查阅文献资料、实地调研等手段,获得上述指标在我国华北地区的节水标准和先进水平,以及国际先进水平的指标值,作为分析计算节水潜力的标准,详见表 5-20。

表 5-20　节水潜力计算指标标准值

类别	评价指标	华北区平均水平	华北区先进水平/标准	国际先进水平
农业用水指标	农田灌溉亩均用水量(m^3/亩)	190	175	—
	灌溉水有效利用系数(%)	0.631	0.732	0.9
工业用水指标	万元工业增加值用水量(m^3/万元)	15.5	8	—
	工业用水重复利用率(%)	91.5	94.8	98

续表 5-20

类别	评价指标	华北区平均水平	华北区先进水平/标准	国际先进水平
城镇生活用水指标	城镇管网漏损率(%)	13.9	7.5	5
	节水器具普及率目标(%)	76.2	100	100
建筑业和商饮业、服务业用水指标	建筑业和商饮业、服务业用水定额(m^3/万元)	—	2.0	—

5.5 节水潜力分析

5.5.1 节水潜力计算

5.5.1.1 郑州市社会经济指标

对计算节水潜力所需的相关社会经济指标进行统计,郑州市 2017 年的城镇生活供水量为 41 368 万 m^3;工业增加值为 3 099.23 亿元;农田灌溉面积为 270.36 万亩;建筑业和商饮业、服务业产值为 5 631.53 亿元。郑州市 2017 年各行政区的社会经济指标见表 5-21。

表 5-21 郑州市 2017 年各行政区的社会经济指标

行政区划	城镇生活供水量(m^3)	工业增加值(亿元)	建筑业产值(亿元)	第三产业产值(亿元)	农田灌溉面积(万亩)
主城区	28 027	755.99	388.90	3 002.33	27.67
上街区	850	46.49	13.51	55.91	0.20
航空城	3 000	488.91	5.59	195.08	20.95
巩义市	2 229	415.23	28.93	300.15	23.04
新密市	1 453	313.56	27.69	360.04	23.69
新郑市	1 502	321.13	27.60	333.13	36.51
荥阳市	1 150	361.85	30.16	258.40	44.52

续表 5-21

行政区划	城镇生活供水量 (m^3)	工业增加值 (亿元)	建筑业产值 (亿元)	第三产业产值 (亿元)	农田灌溉面积 (万亩)
登封市	2 230	328.07	27.69	360.04	18.87
中牟县	927	68.00	25.66	190.72	74.91
全市	41 368	3 099.23	575.73	5 055.80	270.36

注：表中数据引自《郑州市统计年鉴》。

5.5.1.2　现状年郑州市节水指标值

2017 年，郑州市农田灌溉净定额为 100.00 m^3/亩；农田灌溉水有效利用系数取 0.669；全市平均万元工业增加值用水量为 17.32 m^3；工业用水重复利用率取 89.31%；城镇管网漏损率取 9.89%；节水器具普及率为 100%；建筑业、第三产业全市平均用水定额分别为 4.75 m^3/万元、3.70 m^3/万元。郑州市 2017 年节水指标值见表 5-22。

表 5-22　郑州市 2017 年节水指标值

行政区划	灌溉水有效利用系数	万元工业增加值用水量 (m^3/万元)	工业用水重复利用率	城镇管网漏损率	节水器具普及率目标	建筑业和商饮业、服务业用水定额 (m^3/万元)		农田灌溉净定额 (m^3/亩)
						建筑业	第三产业	
主城区	0.669	18.00	89.31	9.89	100	4.35	3.60	99.00
上街区	0.669	15.80	89.31	9.89	100	5.40	4.15	92.00
航空城	0.669	10.64	89.31	9.89	100	5.00	3.50	90.00
巩义市	0.669	17.60	89.31	9.89	100	6.00	3.95	81.00
新密市	0.669	22.55	89.31	9.89	100	5.60	3.90	88.00
新郑市	0.669	13.51	89.31	9.89	100	5.60	4.02	88.00
荥阳市	0.669	15.80	89.31	9.89	100	5.40	3.70	92.00
登封市	0.669	19.36	89.31	9.89	100	6.15	3.90	79.00
中牟县	0.669	16.09	89.31	9.89	100	5.46	3.70	131.00
全市	0.669	17.32	89.31	9.89	100	4.75	3.70	100.00

注：表中万元工业增加值用水量，建筑业和商饮业、服务业用水定额，农田灌溉净定额数据根据《郑州市统计年鉴》《郑州市水资源公报》《四水同治》数据计算获得；灌溉水有效利用系数、工业用水重复利用率、城镇管网漏损率、节水器具普及率目标引自《郑州市水资源综合规划》《郑州市 2019 年节水型城市复查报告》。

5.5.1.3 标准值选取

郑州市2025年、2035年节水能力计算目标值根据郑州市社会经济及水资源开发利用情况决定，郑州市2025年、2035年节水指标值的选取见表5-23、表5-24。

表5-23 郑州市2025年节水指标值的选取

行政区划	灌溉水有效利用系数(%)	万元工业增加值用水量(m^3/万元)	工业用水重复利用率(%)	城镇管网漏损率(%)	节水器具普及率目标(%)	建筑业和商饮业、服务业用水定额(m^3/万元)		农田灌溉净定额(m^3/亩)
						建筑业	第三产业	
主城区	0.736	10.00	89.4	9.6	100	4.00	3.40	94
上街区	0.736	13.30	89.4	9.6	100	4.20	4.00	85
航空城	0.736	10.00	89.4	9.6	100	4.00	3.30	80
巩义市	0.736	14.00	89.4	9.6	100	4.70	3.80	76
新密市	0.736	13.80	89.4	9.6	100	4.70	3.80	83
新郑市	0.736	12.80	89.4	9.6	100	4.70	3.80	83
荥阳市	0.736	13.30	89.4	9.6	100	4.20	3.50	87
登封市	0.736	13.80	89.4	9.6	100	4.70	3.80	74
中牟县	0.736	13.60	89.4	9.6	100	4.30	3.50	128
全市	0.736	10.80	89.4	9.6	100	4.00	3.40	97

表5-24 郑州市2035年节水指标值的选取

行政区划	灌溉水有效利用系数(%)	万元工业增加值用水量(m^3/万元)	工业用水重复利用率(%)	城镇管网漏损率(%)	节水器具普及率目标(%)	建筑业和商饮业、服务业用水定额(m^3/万元)		农田灌溉净定额(m^3/亩)
						建筑业	第三产业	
主城区	0.800	7.00	89.5	8.5	100	3.50	3.00	84
上街区	0.800	10.20	89.5	8.5	100	3.50	3.00	78
航空城	0.800	7.00	89.5	8.5	100	3.50	3.00	80
巩义市	0.800	10.50	89.5	8.5	100	3.60	3.10	72
新密市	0.800	10.50	89.5	8.5	100	3.60	3.10	78

续表 5-24

行政区划	灌溉水有效利用系数（%）	万元工业增加值用水量（m^3/万元）	工业用水重复利用率（%）	城镇管网漏损率（%）	节水器具普及率目标（%）	建筑业和商饮业、服务业用水定额（m^3/万元）		农田灌溉净定额（m^3/亩）
						建筑业	第三产业	
新郑市	0.800	10.00	89.5	8.5	100	3.60	3.10	78
荥阳市	0.800	10.20	89.5	8.5	100	3.50	3.00	78
登封市	0.800	10.30	89.5	8.5	100	3.60	3.10	70
中牟县	0.800	10.30	89.5	8.5	100	3.50	3.00	115
全市	0.800	7.30	89.5	8.5	100	3.51	3.02	81

5.5.1.4　节水潜力计算方法

1.城镇生活节水潜力

城镇生活节水潜力主要考虑节水器具普及率的提高和管网综合漏损率的降低两个方面的节水潜力，涵盖了工程节水、工艺节水两个方面。计算公式为：

$$W_l = LW_{供} - LW_{供}(1 - R^0_{漏})/(1 - R^1_{漏}) + 365P_oJ_z(\beta_1 - \beta_0)/1\ 000 \tag{5-10}$$

式中　W_l——城镇生活节水潜力，m^3；

$LW_{供}$——现状年自来水厂供出的城镇生活用水量，m^3；

$R^0_{漏}$——现状水平年供水管网综合漏损率（%）；

$R^1_{漏}$——规划远期水平年供水管网综合漏损率（%）；

P_o——现状城镇人口，人；

J_z——采用节水器具的日可节水量，L/（人 · d）；

β_0——现状水平年节水器具普及率（%）；

β_1——规划远期水平年节水器具普及率（%）。

2.工业节水潜力

工业节水潜力主要考虑产业结构调整、产品结构优化升级、节水技术改造、调整水资源费征收力度等条件下的综合节水潜力，涵盖了工程节水、工艺节水、管理节水三个方面。计算公式为：

$$W_{gi} = Z^i_0[(IQ^i_0 - IQ^i_1) + IQ^i_1(\eta^i_1 - \eta^i_0)/(1 - \eta^i_1)] \tag{5-11}$$

$$W_g = \sum_{i=1}^{t} W_{gi} \tag{5-12}$$

式中　W_{gi}——第 i 工业部门节水潜力，m^3；

W_g——评价区整体工业节水潜力，m^3；

Z_0^i——第 i 工业部门现状工业产值，万元，火(核)电行业单位为亿 kW · h；

IQ_0^i——现状水平年第 i 工业部门用水定额，m^3/万元，火(核)电行业单位为 m^3/亿 kW · h；

IQ_1^i——规划远期水平年第 i 工业部门用水定额，m^3/万元；

η_0^i——现状水平年第 i 工业部门用水重复利用率(%)；

η_1^i——规划远期水平年第 i 工业部门用水重复利用率(%)。

3.建筑业和商饮业、服务业节水潜力

建筑业和商饮业、服务业的节水潜力主要考虑产业结构调整、水资源费征收力度、节水器具普及率及管网漏损率对用水定额带来的影响，涵盖了工程节水、工艺节水、管理节水三个方面。计算公式为：

$$W_{si} = Y_i(SQ_0^i - SQ_1^i) \tag{5-13}$$

$$W_s = \sum_{i=1}^{t} W_{si} \tag{5-14}$$

式中　W_{si}——建筑业和商饮业、服务业第 i 用水部门的节水潜力，m^3；

W_s——评价区整体建筑业和商饮业、服务业的节水潜力，m^3；

Y_i——第 i 用水部门现状水平年产值，万元，建筑业单位为 m^2；

SQ_0^i——现状水平年建筑业和商饮业、服务业第 i 用水部门的用水定额，m^3/万元，建筑业单位为 m^3/m^2；

SQ_1^i——规划远期水平年建筑业和商饮业、服务业第 i 用水部门的用水定额，m^3/万元，建筑业单位为 m^3/m^2。

4.农业节水潜力

农业节水潜力主要是农田灌溉节水潜力，是考虑采取调整农作物种植结构、改造大中型灌区、扩大节水灌溉面积、提高渠系水利用系数、改进灌溉制度和调整农业供水价格等措施的综合节水潜力，涵盖了工程节水、农艺节水、管理节水三个方面。全农业节水潜力计算公式为：

$$W_a = W_n + W_l + W_c \tag{5-15}$$

式中　W_a——整体农业节水潜力，m^3；

W_n——农田灌溉整体节水潜力，m^3；

W_l——林牧渔业整体节水潜力,m^3;

W_c——牲畜养殖业节水潜力,m^3。

节水潜力计算公式如下:

$$W_{ni} = S_0^i(AQ_0^i/\eta_0^i - AQ_1^i/\eta_1^i) \tag{5-16}$$

$$W_n = \sum_{i=1}^{t} W_{ni} \tag{5-17}$$

式中　W_{ni}——第 i 作物节水潜力,m^3;

W_n——农田灌溉整体节水潜力,m^3;

S_0^i——现状第 i 作物有效灌溉面积,万亩;

AQ_0^i——现状第 i 作物净灌溉需水定额,m^3/万亩;

AQ_1^i——考虑作物布局调整后的规划远期水平年第 i 作物净灌溉需水定额,m^3/万亩;

η_0^i——现状水平年第 i 作物灌溉水利用系数(%);

η_1^i——规划远期水平年第 i 作物灌溉水利用系数(%)。

5.综合节水潜力

根据城镇生活节水潜力,工业节水潜力,建筑业和商饮业、服务业节水潜力与农业节水潜力的计算结果,求和得到郑州市地下水超采区综合节水潜力。计算公式为:

$$W = W_l + W_g + W_s + W_a \tag{5-18}$$

式中　W——综合节水潜力,m^3;

W_l——城镇生活节水潜力,m^3;

W_g——工业节水潜力,m^3;

W_s——建筑业和商饮业、服务业节水潜力,m^3;

W_a——农业节水潜力,m^3。

5.5.1.5　节水潜力计算结果

根据公式计算,获得郑州市各行政区不同行业的节水潜力及地下水节水潜力,见表 5-25、表 5-26。

由计算结果可知,郑州市综合节水潜力为 46 535.23 万 m^3,其中地下水节水潜力为 18 280.09 万 m^3。从行政分区来看,主城区综合节水潜力最高,为 15 030.09万 m^3,上街区综合节水潜力最低,为 563.64 万 m^3。另外,主城区城镇农业节水潜力、工业节水潜力,以及建筑业和商饮业、服务业节水潜力均为全市最高,分别为 919.42 万 m^3、7 669.34 万 m^3、5 717.17 万 m^3。

表 5-25 郑州市节水潜力计算结果 （单位：万 m^3）

行政区划	城镇生活节水潜力	工业节水潜力	建筑业和商饮业、服务业节水潜力			农业节水潜力	综合节水潜力
			建筑业	第三产业	合计		
主城区	724.16	7 669.34	913.44	4 803.73	5 717.17	919.42	15 030.09
上街区	21.96	369.35	45.93	120.21	166.14	6.19	563.64
航空城	77.51	1 359.50	16.77	292.62	309.39	528.77	2 275.17
巩义市	57.59	4 046.32	115.72	585.29	701.01	523.37	5 328.29
新密市	37.54	4 607.69	99.68	684.08	783.76	591.70	6 020.69
新郑市	38.81	1 817.45	99.36	672.92	772.28	912.10	3 540.64
荥阳市	29.71	2 874.81	102.54	439.28	541.82	1 378.40	4 824.74
登封市	57.62	3 774.93	114.91	684.08	798.99	423.79	5 055.33
中牟县	23.95	559.96	88.68	324.22	412.90	2 899.83	3 896.64
全市	1 068.85	27 079.35	1 597.03	8 606.43	10 203.46	8 183.57	46 535.23

表 5-26 郑州市地下水节水潜力计算结果 （单位：万 m^3）

行政区划	城镇生活节水潜力	工业节水潜力	建筑业和商饮业、服务业节水潜力			农业节水潜力	综合节水潜力
			建筑业	第三产业	合计		
主城区	14.48	153.39	18.27	96.07	114.34	818.28	1 100.49
上街区	0.44	7.39	0.92	2.40	3.32	5.45	16.60
航空城	1.55	27.19	0.34	5.85	6.19	470.60	505.53
巩义市	50.11	728.34	101.83	515.06	616.89	230.28	1 625.62
新密市	33.41	2 718.54	99.68	684.08	783.76	331.35	3 867.06
新郑市	12.81	1 435.78	78.49	531.61	610.10	109.45	2 168.14
荥阳市	15.75	1 523.65	52.30	224.03	276.33	840.82	2 656.55
登封市	16.71	2 566.95	104.57	622.51	727.08	118.66	3 429.40
中牟县	23.95	559.96	88.68	324.22	412.90	1 913.89	2 910.70
全市	169.21	9 721.19	545.08	3 005.83	3 550.91	4 838.78	18 280.09

分行业看，郑州市工业节水潜力最大，占综合节水潜力的58%；城镇生活节水潜力最小，占2%；建筑业和商饮业、服务业节水潜力，以及农业节水潜力

分别占综合节水潜力的 22%和 18%。详见图 5-11～图 5-17。

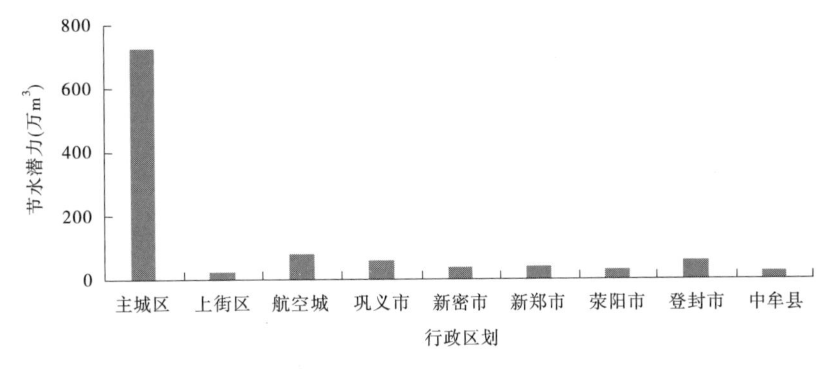

图 5-11　各行政区划城镇生活节水潜力对比

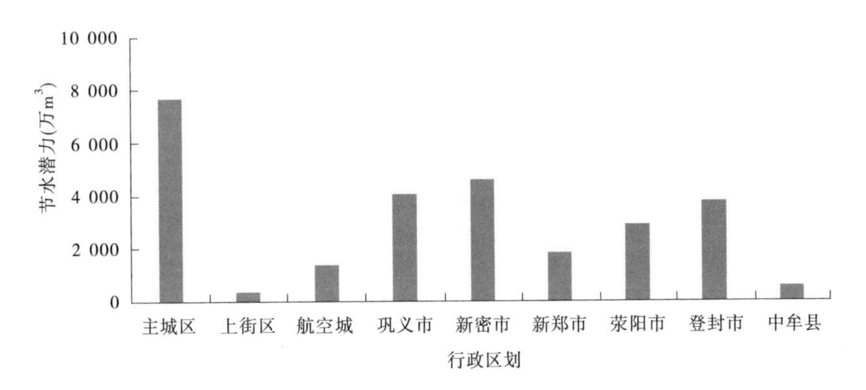

图 5-12　各行政区划工业节水潜力对比

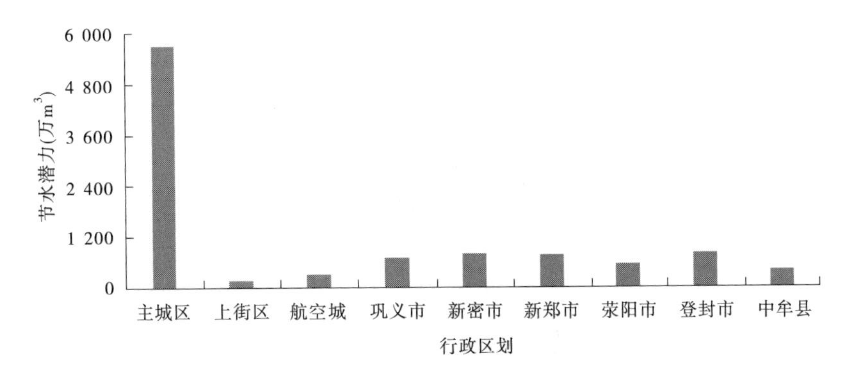

图 5-13　各行政区划建筑业和商饮业、服务业节水潜力对比

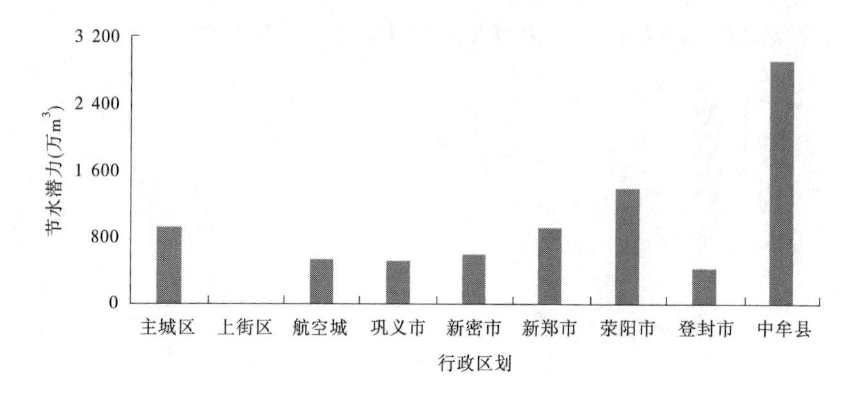

图 5-14 各行政区划农业节水潜力对比

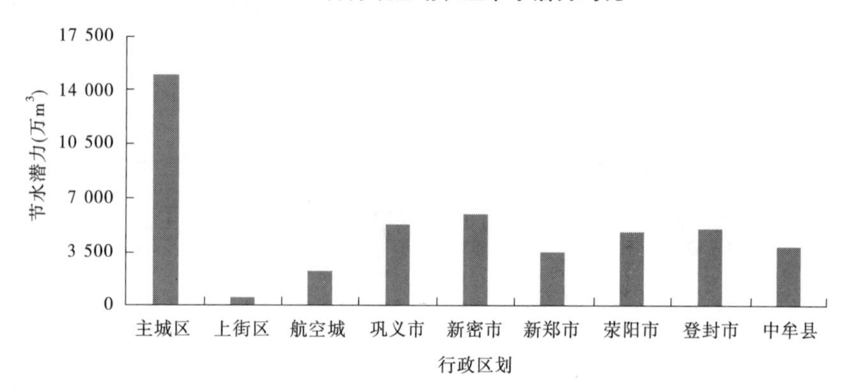

图 5-15 各行政区划综合节水潜力对比

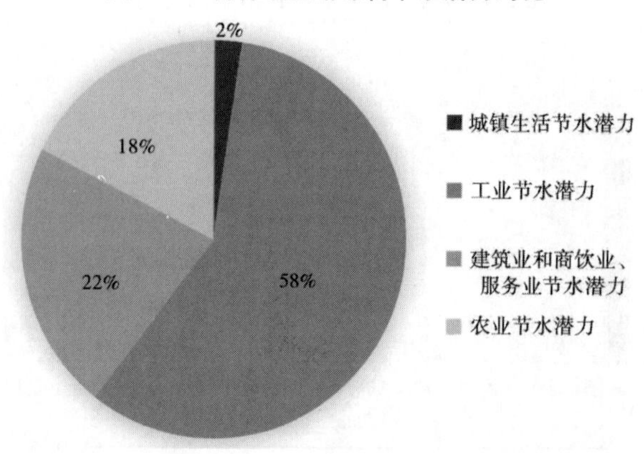

图 5-16 不同行业节水潜力占综合节水潜力的比值

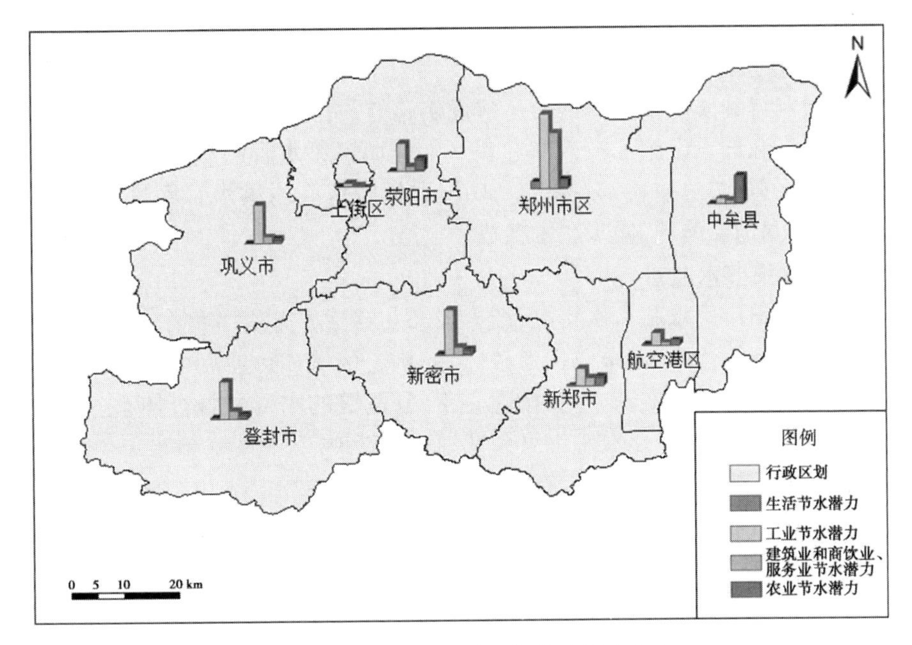

图5-17 郑州市各行政区划节水潜力分布

5.5.2 节水措施

为集中解决行业中节水薄弱环节、挖掘节水潜力、提高用水效率,提出相应节水措施,从节水出发,减少郑州市各行业需水,推动郑州市地下水综合治理,具体措施如下所述。

5.5.2.1 加强工业节水

郑州市在工业上具有较大的节水潜力。一方面,要促进工业产业结构调整,鼓励电子信息、汽车及装备制造、新材料、生物及医药等用水效率高的产业的发展,开展现状用水水平分析、水平衡测试、用水效率评估,严格计划用水和用水定额管理,对工业用水进行监督管理;另一方面,要推进工业节水技术改造,提高工业用水重复利用效率。

5.5.2.2 促进农业节水

一方面,要建立与水资源条件相适应的节水高效农耕制度,着力控制高耗水、低产出作物的种植面积,调整优化农业种植结构,从结构上降低农业生产用水需求;另一方面,要持续深入地推进农田高效节水灌溉,大力发展低压管道灌溉、喷灌、微灌,以及集雨补灌、水肥一体化等高效节水灌溉技术,并结合土地流转、创新农田水利设施管护等措施，推进农业用水过程节水。

5.5.2.3　推进城镇生活节水设施改造

加快制订和实施供水管网改造建设实施方案，完善供水管网检漏制度，增加监控设备和计量设施的投入和建设。加强城镇供水管网改造，开展全市供水管网检漏普查，对使用年限超过 50 年和材质落后的供水管网进行更新改造，以降低漏损和能耗，减少二次污染。

5.5.2.4　加强节水监管

根据郑州市用水和节水特点，结合未来发展及水资源管理需求，完善并量化双控考核指标体系，健全双控考核体系，构建区域和行业用水总量、用水效率和用水过程管理的准则。同时，建立市、县两级的水资源督查体系、工作机制及责任追究制度，强化取水许可和计划用水管理。

5.5.2.5　开展节水宣传

结合郑州节水管理特色与需求，通过节水教育、企业节水培训，以及公众节水、绿色消费宣传等行动，普及全民节水意识，从而广泛推进节水行动。

第6章 水资源保护

6.1 地表水功能区划

水功能区划分是根据区划水域的自然属性,结合社会需求,协调整体与局部的关系,确定该水域的功能及功能顺序,为水域的开发利用和保护管理提供科学依据,以实现水资源的可持续利用。即按人类最适宜的用途和最优化的使用水域,将水体按功能分类,通过水功能区的划分,审定水域纳污能力和实施污染物排放总量控制,从宏观上对流域水资源利用状况进行总体控制,以便为水资源的合理利用、保护与管理提供依据,实现水资源的永续利用和国民经济的可持续发展。

水功能区划分采用两级体系,即一级区划和二级区划。一级区划(为流域级)是宏观上解决水资源合理开发利用与保护的问题,主要协调地区间用水关系,长远上考虑可持续发展的需求;二级区划(为县市级)主要协调用水部门之间的关系。

一级功能区分4类,即保护区、保留区、开发利用区、缓冲区,一级功能区划分对二级功能区划分具有宏观指导作用。

二级功能区划分重点在一级功能区划分的开发利用区内进行,共分7类,即饮用水源区、工业用水区、农业用水区、渔业用水区、景观娱乐用水区、过渡区、排污控制区。

根据《河南省水功能区划报告》,郑州市共划分为12个一级水功能区,区划河流总长度为700.4 km,其中保护区1个、开发利用区11个。11个开发利用区共划分出33个二级水功能区,区划河流总长度为686.4 km。33个二级水功能区按第一主导功能统计为:饮用水源区6个,占二级区总数的18.2%;工业用水区1个,占3.0%;农业用水区6个,占18.2%;渔业用水区1个,占3.0%;景观娱乐用水区3个,占9.1%;过渡区6个,占18.2%;排污控制区10个,占30.3%。

郑州市划分水功能区的河流包括贾鲁河、索须河、东风渠、双洎河、颍河、洛河、坞罗河、后寺河、汜水河、清溴河10条河流。其中,贾鲁河划分1个一级水功能区,5 个二级水功能区;索须河划分 1 个一级水功能区,4 个二级水功能区;东风渠划分 1 个一级水功能区,2 个二级水功能区;双洎河划分 1 个一级水功能区,5 个二级水功能区;颍河划分 2 个一级水功能区,4 个二级水功能区;洛河划分 1 个一级水功能区,4 个二级水功能区;坞罗河划分 1 个一级水功能区,2 个二级水功能区;后寺河划分 1 个一级水功能区,3 个二级水功能区;汜水河划分 1 个一级水功能区,2 个二级水功能区;清溴河划分 1 个一级水功能区,1 个二级水功能区。

郑州市列入《全国重要江河湖泊水功能区近期达标评价目录》的水功能区有 11 个,分别是颍河登封源头水保护区、颍河登封工业用水区、颍河登封排污控制区、颍河白沙水库景观娱乐用水区、清溴河新郑长葛农业用水区、贾鲁河郑州饮用水源区、贾鲁河郑州中牟农业用水区、贾鲁河中牟农业用水区,洛阳偃师农业用水区、洛阳偃师巩义农业用水区、洛河巩义过渡区,为省考核水功能区。其中,巩义市列入《全国重要江河湖泊水功能区近期达标评价目录》的水功能区有 3 个,分别为洛阳偃师农业用水区、洛阳偃师巩义农业用水区、洛河巩义过渡区。郑州市水功能区划见图 6-1 和表 6-1。

6.2 水域纳污能力与污染物入河控制量方案

6.2.1 水功能区水质目标拟定

根据郑州市水功能区水质现状、排污状况、不同水功能区的特点、水资源配置对水功能区的要求,以及郑州市现状技术经济和未来区域发展预期等因素,依据《河南省水功能区划报告》《2017 年郑州市水资源公报》《2017 年巩义市水资源公报》《郑州市人民政府关于打赢水污染防治攻坚战的意见》(郑政文〔2017〕32 号),并参照《地表水环境质量标准》(GB 3838—2002)、《渔业水质标准》(GB 11607—89)、《景观娱乐用水水质标准》(GB 12941—91)等拟定各水功能区的水质目标。

拟定各水功能区的水质目标应综合考虑:①水功能区水质类别;②水功能区水质现状;③相邻水功能区的水质要求;④水功能区排污现状与相应的规划;⑤用水部门对水功能区水质的要求,包括现状和规划;⑥社会经济状况及特殊要求;⑦水资源配置对水域的总体布局。本次拟定水质目标的具体方法是,将水功能区水质现状与水功能区水质类别指标进行比较后,按下述情况分别处理:①当现状水质未满足水功能区水质类别时,在综合考虑上述因素后,

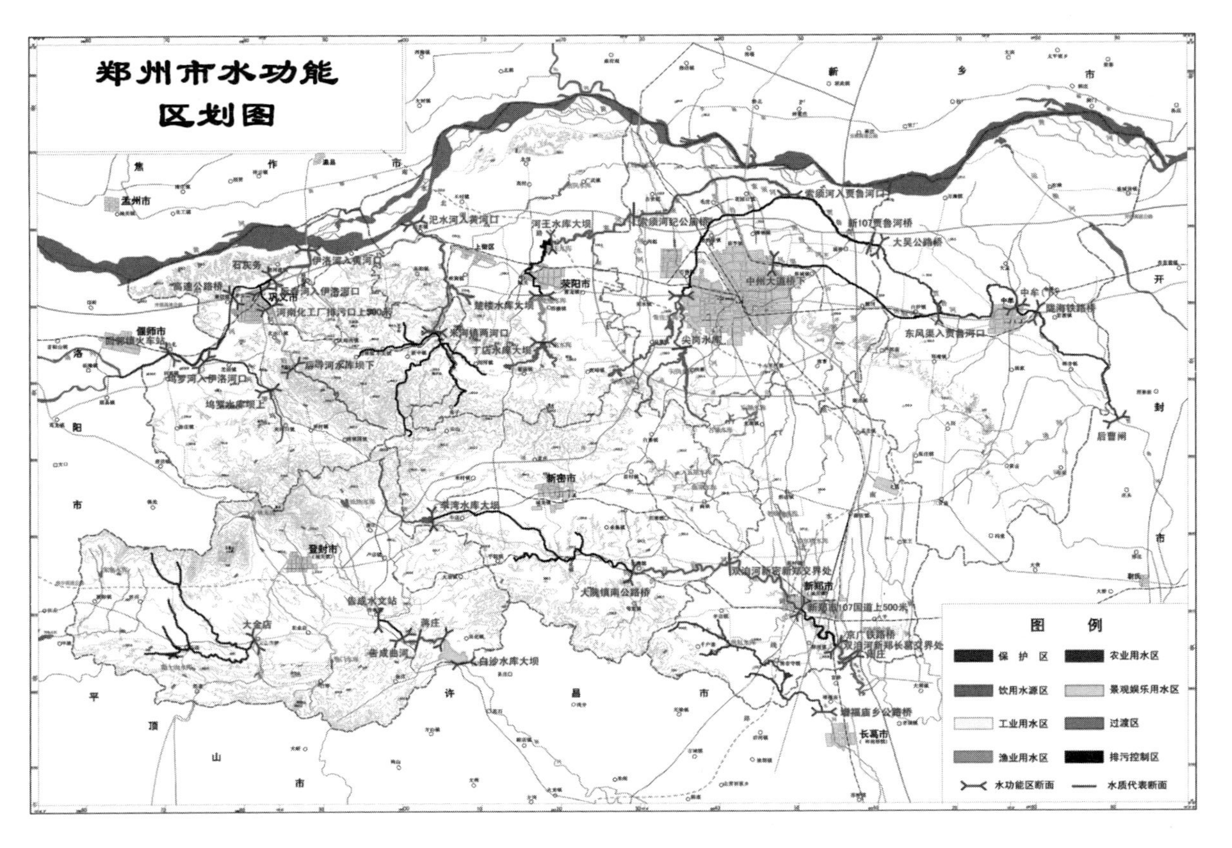

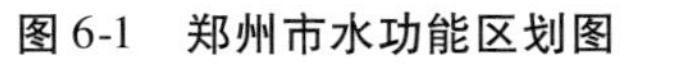
图6-1　郑州市水功能区划图

表 6-1　郑州市水功能区划成果

序号	一级功能区名称	二级功能区名称	水资源分区	河流	范围		水质代表断面	长度（km）	水质目标
					起始断面	终止断面			
1	颍河登封源头水保护区	—	王蚌区间北岸	颍河	登封市少室山河源	登封市大金店	大金店	14	Ⅲ
2	颍河许昌开发利用区	颍河登封工业用水区	王蚌区间北岸	颍河	登封市大金店镇	登封市告成乡告成水文站	告成水文站	16.6	Ⅲ
3		颍河登封排污控制区	王蚌区间北岸	颍河	登封市告成乡告成水文站	登封市告成曲河	登封市告成曲河	2.3	Ⅴ
4		颍河登封过渡区	王蚌区间北岸	颍河	登封市告成曲河	登封市白沙水库入口	蒋庄	15.7	Ⅲ
5		颍河白沙水库景观娱乐用水区	王蚌区间北岸	颍河	登封市白沙水库入口	白沙水库大坝	白沙水库(库心)	3.8	Ⅱ
6	清潩河许昌开发利用区	清潩河新郑长葛农业用水区	王蚌区间北岸	清潩河	新郑市辛店	增福庙乡公路桥	增福庙乡公路桥	27.7	Ⅳ
7	贾鲁河郑州开发利用区	贾鲁河郑州饮用水源区	王蚌区间北岸	贾鲁河	新密市圣水峪	尖岗水库大坝	尖岗水库(库心)	22.6	Ⅲ
8		贾鲁河郑州排污控制区	王蚌区间北岸	贾鲁河	尖岗水库大坝	大吴公路桥	新 107 贾鲁河桥	32.8	Ⅴ
9		贾鲁河郑州中牟农业用水区	王蚌区间北岸	贾鲁河	大吴公路桥	中牟县中牟水文站	中牟水文站	30.2	Ⅳ
10		贾鲁河中牟排污控制区	王蚌区间北岸	贾鲁河	中牟县中牟水文站	中牟县陇海铁路桥	陇海铁路桥	2.5	Ⅴ
11		贾鲁河中牟农业用水区	王蚌区间北岸	贾鲁河	中牟县陇海铁路桥	尉氏县庄头乡后曹闸	后曹闸	32.5	Ⅳ

续表 6-1

序号	一级功能区名称	二级功能区名称	水资源分区	河流	范围		水质代表断面	长度（km）	水质目标
					起始断面	终止断面			
12	索须河郑州开发利用区	索须河荥阳饮用水源区	王蚌区间北岸	索须河	新密市石坡口源头	丁店水库大坝	丁店水库	18.3	Ⅲ
13		索须河荥阳渔业用水区	王蚌区间北岸	索须河	丁店水库大坝	楚楼水库大坝	楚楼水库	7.5	Ⅲ
14		索须河荥阳排污控制区	王蚌区间北岸	索须河	楚楼水库大坝	河王水库大坝	河王水库	10.2	Ⅴ
15		索须河荥阳郑州过渡区	王蚌区间北岸	索须河	河王水库大坝	索须河入贾鲁河口	索须河纪公庙桥	54	Ⅳ
16	东风渠郑州开发利用区	东风渠郑州景观娱乐用水区	王蚌区间北岸	东风渠	郑州市柳林乡	中州大道桥	中州大道桥	18.5	Ⅲ
17		东风渠郑州排污控制区	王蚌区间北岸	东风渠	中州大道桥	七里河入贾鲁河口	入贾鲁河口	22.6	Ⅴ
18	双洎河新郑开发利用区	双洎河新密饮用水源区	王蚌区间北岸	双洎河	登封市源头（塔水磨）	新密市李湾水库大坝	李湾水库	15.6	Ⅲ
19		双洎河新密排污控制区	王蚌区间北岸	双洎河	新密市李湾水库大坝	新密市大槐镇南公路桥	大槐镇南公路桥	31	Ⅴ
20		双洎河新密新郑过渡区	王蚌区间北岸	双洎河	新密市大槐镇南公路桥	新郑市 107 国道上 500 m	107 国道上 500 m	25.4	Ⅳ
21		双洎河新郑排污控制区	王蚌区间北岸	双洎河	新郑市 107 国道上 500 m	新郑市京广铁路桥	京广铁路桥	12.5	Ⅴ

续表 6-1

序号	一级功能区名称	二级功能区名称	水资源分区	河流	范围		水质代表断面	长度(km)	水质目标
					起始断面	终止断面			
22	双洎河新郑开发利用区	双洎河新郑长葛过渡区	王蚌区间北岸	双洎河	新郑市京广铁路桥	京广铁路桥	周庄	4.5	Ⅳ
23	黄河河南开发利用区	郑州新乡饮用工业用水区	王蚌区间北岸	黄河	孤柏嘴	狼城岗	花园口	110	Ⅲ
24	汜水河巩义开发利用区	汜水河巩义排污控制区	小浪底—花园口干流区	汜水河	源头	米河镇两河口	米河镇两河口	27.5	Ⅴ
25		汜水河巩义过渡区	小浪底—花园口干流区	汜水河	米河镇两河口	入黄河口	入黄河口	17.5	Ⅴ
26	洛河卢氏巩义开发利用区	洛河偃师农业用水区	伊洛河区	洛河	G207 公路桥	回郭镇火车站	回郭镇火车站	21.3	Ⅲ
27		洛河偃师巩义农业用水区	伊洛河区	洛河	回郭镇火车站	高速公路桥	高速公路桥	15.5	Ⅳ
28		洛河巩义排污控制区	伊洛河区	洛河	高速公路桥	石灰务	石灰务	6	Ⅴ
29		洛河巩义过渡区	伊洛河区	洛河	石灰务	入黄河口	入黄河口	10	Ⅳ

续表 6-1

序号	一级功能区名称	二级功能区名称	水资源分区	河流	范围		水质代表断面	长度（km）	水质目标
					起始断面	终止断面			
30	坞罗河巩义开发利用区	坞罗河巩义饮用水源区	伊洛河区	坞罗河	源头	水库大坝	水库坝上	20.3	Ⅲ
31		坞罗河巩义农业用水区	伊洛河区	坞罗河	水库大坝	入洛河口	入洛河口	10.5	Ⅴ
32	后寺河巩义开发利用区	后寺河巩义饮用水源区	伊洛河区	后寺河	源头	水库大坝	水库坝上	29.2	Ⅲ
33		后寺河巩义景观娱乐用水区	伊洛河区	后寺河	水库大坝	河南化工厂排污口上500 m	河南化工厂排污口上500 m	9.4	Ⅳ
34		后寺河巩义排污控制区	伊洛河区	后寺河	河南化工厂排污口上500 m	入洛河口	入洛河口	2.4	Ⅴ

拟定水质保护目标与水功能区水质目标一致。②当现状水质已满足水功能区水质类别时，按照水体污染负荷控制不增加的原则，重新合理地确定水质保护目标。③当水功能区水质目标不满足区域规划要求时，依据区域规划要求重新拟定水质保护目标。

根据水质目标拟定原则，结合郑州市水功能区水质现状及郑州未来发展预期，拟定区域内一级、二级水功能区规划条件下的水质目标，详见表6-2。

表6-2　郑州市水功能区水质目标拟定

水功能区		水质现状	水功能区划水质目标	本次拟定目标	本次目标依据
一级水功能区	二级水功能区				
颍河登封源头水保护区	—	断流	Ⅲ	Ⅲ	
颍河许昌开发利用区	颍河登封工业用水区	>Ⅴ	Ⅲ	Ⅲ	
	颍河登封排污控制区	>Ⅴ	Ⅴ	Ⅴ	
	颍河登封过渡区	>Ⅴ	Ⅲ	Ⅲ	
	颍河白沙水库景观娱乐用水区	Ⅱ	Ⅱ	Ⅱ	
清潩河许昌开发利用区	清潩河新郑长葛农业用水区	断流	Ⅳ	Ⅳ	
贾鲁河郑州开发利用区	贾鲁河郑州饮用水源区	Ⅲ	Ⅲ	Ⅲ	
	贾鲁河郑州排污控制区	Ⅳ	Ⅴ	Ⅲ	郑政文〔2017〕32号
	贾鲁河郑州中牟农业用水区	>Ⅴ	Ⅳ	Ⅳ	
	贾鲁河中牟排污控制区	>Ⅴ	Ⅴ	Ⅴ	
	贾鲁河中牟农业用水区	>Ⅴ	Ⅳ	Ⅳ	
索须河郑州开发利用区	索须河荥阳饮用水源区	Ⅴ	Ⅲ	Ⅲ	
	索须河荥阳渔业用水区	Ⅴ	Ⅲ	Ⅲ	
	索须河荥阳排污控制区	>Ⅴ	Ⅴ	Ⅴ	
	索须河荥阳郑州过渡区	>Ⅴ	Ⅳ	Ⅲ	郑政文〔2017〕32号

续表 6-2

水功能区		水质现状	水功能区划水质目标	本次拟定目标	本次目标依据
一级水功能区	二级水功能区				
东风渠郑州开发利用区	东风渠郑州景观娱乐用水区	> V	Ⅲ	Ⅲ	
	东风渠郑州排污控制区	> V	V	Ⅲ	郑政文〔2017〕32 号
双洎河新郑开发利用区	双洎河新密饮用水源区	V	Ⅲ	Ⅲ	
	双洎河新密排污控制区	Ⅳ	V	V	
	双洎河新密新郑过渡区	Ⅳ	Ⅳ	Ⅳ	
	双洎河新郑排污控制区	> V	V	V	
	双洎河新郑长葛过渡区	> V	Ⅳ	Ⅳ	
黄河河南开发利用区	郑州新乡饮用工业用水区	Ⅲ	Ⅲ	Ⅲ	
汜水河巩义开发利用区	汜水河巩义排污控制区	V	V	V	
	汜水河巩义过渡区	Ⅱ	V	V	
洛河卢氏巩义开发利用区	洛河偃师农业用水区	Ⅲ	Ⅲ	Ⅲ	
	洛河偃师巩义农业用水区	Ⅳ	Ⅳ	Ⅳ	
	洛河巩义排污控制区	Ⅳ	V	V	
	洛河巩义过渡区	Ⅳ	Ⅳ	Ⅳ	
坞罗河巩义开发利用区	坞罗河巩义饮用水源区	Ⅳ	Ⅲ	Ⅲ	
	坞罗河巩义农业用水区	Ⅳ	V	Ⅳ	现状水质
后寺河巩义开发利用区	后寺河巩义饮用水源区	Ⅳ	Ⅲ	Ⅲ	
	后寺河巩义景观娱乐用水区	断流	Ⅳ	Ⅳ	
	后寺河巩义排污控制区	断流	V	V	

6.2.2　水域纳污能力计算与核定

水功能区纳污能力是在给定水域范围和一定设计流量条件下，满足水功能区环境质量标准要求的最大允许纳污量。郑州市各水功能区大多数存在不同程度的入河排污现象，直接导致排污口以下水体污染、水质恶化。合理计算各河段的纳污能力是实现水质目标、确定入河削减量的一个重要前提，也是最严格水资源管理制度的重要组成部分。

6.2.2.1　计算范围与方法

1. 计算范围

《中华人民共和国水法》规定,禁止在饮用水水源保护区内设置排污口,因此对饮用水水源地不计算纳污能力。同时考虑源头水保护区的重要性,本次规划纳污能力计算不再考虑饮用水源区和颍河登封源头水保护区。由于白沙水库将承担向登封市供水任务,本次纳污能力计算不再考虑白沙水库景观娱乐用水区,将其作为饮用水水源地考虑。

本次纳污能力计算范围包括郑州市颍河、清潩河、贾鲁河、索须河、东风渠、双洎河、汜水河、洛河、坞罗河、后寺河等10条河流的26个二级水功能区,总河长为453 km。

2. 计算方法与步骤

水功能区纳污能力与功能区水质目标、水体稀释自净能力,以及上游来水水质状况有关。水体稀释能力取决于水量,自净能力取决于污染物在水体中的综合衰减能力。

(1)明确水功能区纳污能力计算条件:水功能区水文特性(包括设计水量及其相应设计流速)、水质目标、污染物指标及其衰减系数。

(2)选择适宜的水量水质模型,并确定模型参数,模拟污染物在水功能区的稀释与自净规律。

(3)根据计算条件,利用数学模型,进行水功能区纳污能力的计算。

6.2.2.2　模型选取

水质模型是描述河流水体中污染物变化的数学表达式,以及污染物进入水体后与水体之间所对应的输入响应关系。模型的建立可以为河流污染物排放与河流水质提供定量关系。再根据水体水质目标要求,反推水体最大允许纳污量。

郑州市境内各主要河道横断面较窄,污染物在短时间内即可混合均匀,根据《水域纳污能力计算规程》(GB/T 25173—2010),当河道流量≤15 m^3/s 时,可采用一维水质模型进行计算,本次论证采用概化的一维水质模型进行水功能区纳污能力计算,计算公式如下:

$$C_x = C_0 \exp(-Kx/u) \tag{6-1}$$

式中　C_x——流经 x 距离后的污染物浓度,mg/L;

x——沿河段的纵向距离,m;

u——计算河段平均流速,m/s;

C_0——起始计算断面的污染物浓度,mg/L;

K——综合衰减系数,1/d;

相应的水域纳污能力计算公式如下:

$$M = (C_s - C_x)(Q + Q_p) \tag{6-2}$$

式中 M——水域纳污能力,g/s;

C_s——水质控制目标浓度值,mg/L;

Q——初始断面入流流量,m^3/s;

Q_p——废污水排放流量,m^3/s;

其余符号意义同前。

6.2.2.3 设计条件确定

1.水文设计条件

1)设计流量

水功能区纳污能力计算的水文设计条件主要有计算断面的设计流量和设计流速。一般采用最近10年最枯月平均流量或最枯月($P=90\%$)平均流量作为设计流量,有水利工程控制的河段可采用最小下泄流量或河道内生态基流作为设计流量。对于有水文站点的河流,采用90%保证率枯水月平均流量作为设计流量;对于有水利工程控制的河段和缺水河段,采用河道内生态基流(有生态补水的河段采用补水后流量);对于没有水文站点的河流,选择合理的参政水文站,采用水文比拟法推求设计流量。

本次选用郑州市域内的告成、新郑、中牟、黑石关水文站的长期观测水文资料,进行还原以后确定各水功能区的设计流量,其中颍河流域设计水文参数依据告成水文站数据进行计算,双洎河流域设计水文参数依据新郑水文站数据进行计算,贾鲁河流域设计水文参数依据中牟水文站数据进行计算,洛河流域设计水文参数依据黑石关水文站数据进行计算。为简化计算,本次将规划水平年设计流量和现状条件设计流量保持一致。

2)设计流速

当有资料时,断面设计流速的确定直接用设计流量 Q 除以过水断面面积 A 进行计算;当无资料时,根据相近条件河段,采用经验法进行推算。

水功能区各控制断面水文设计参数见表6-3。

2.污染物指标

根据河南省实行最严格水资源管理制度中对水功能区水质达标率的考核要求,同时结合郑州市水污染现状和水污染物总量控制现状,本次规划选定COD、氨氮作为主要污染物计算分析指标。

表 6-3　水功能区各控制断面水文设计参数

河流名称	断面名称	流域面积（km^2）	设计流量（m^3/s）	设计流速（m/s）
颍河	告成水文站	627	0.23	0.13
	登封市告成曲河	—	0.23	0.13
	蒋庄	891.7	0.33	0.18
清溴河	增福庙乡公路桥	102.5	0.15	0.06
贾鲁河	新 107 贾鲁河桥	1 035.6	1.58	0.11
	中牟水文站	1 640.8	2.5	0.17
	中牟县陇海铁路桥	2 106	3.21	0.21
	尉氏县庄头乡后曹闸	2 750	4.19	0.28
索须河	楚楼水库	44.5	0.30	0.03
	河王水库	194.6	0.30	0.03
	纪公庙桥	577.9	0.88	0.09
东风渠	中州大道桥	191.9	0.29	0.02
	入贾鲁河口	741	1.13	0.08
双洎河	大槐镇南公路桥	633.2	0.39	0.04
	107 国道上 500 m	—	0.39	0.04
	京广铁路桥	1 079	0.66	0.07
	周庄	1 549	0.95	0.1
汜水河	米河镇两河口	174	0.08	0.05
	入黄河口	373.3	0.17	0.15
洛河	回郭镇火车站	—	8.26	0.41
	高速公路桥	—	8.26	0.41
	石灰务	18 563	8.26	0.41
	入黄河口	18 881	8.40	0.42
坞罗河	入洛河口	238.9	0.03	0.01
后寺河	河南化工厂排污口上 500 m	82	0.04	0.02
	入洛河口	96.4	0.04	0.02

3. 水质控制目标浓度(C_s)

水功能区水质目标值的确定,是水环境容量计算的基本依据,其取值大小直接影响纳污能力的大小。此次规划以本次拟定的水功能区水质目标为基准,同时以不阻碍郑州经济发展为目的,确定水质目标浓度值,最终将水质类别的上限浓度值定为水质控制目标浓度。

4. 初始断面背景浓度(C_0)

水功能区初始断面背景浓度是根据地表水水功能区的类别确定,下一水功能区背景浓度根据上一个水功能区的水质目标浓度值 C_s 确定。

5. 综合衰减系数

污染物的生物降解、沉降和其他物化过程,可概括为污染物综合衰减系数,主要通过水团追踪试验、实测资料反推、类比法、分析借用等方法确定。由于缺乏郑州市地表水水体降解系数的相关调查和试验资料,各水功能区水体自净能力不详,受技术水平等因素的影响,精确测验综合衰减系数难以进行。

综合衰减系数采用《郑州市水资源综合规划》(2008)中确定的方法。《郑州市水资源综合规划》(2008)中根据《全国地表水环境容量核定技术复核要点》中提供的河道水质综合衰减系数参考值,结合各功能区水质优劣状况和水文特征,进行水质综合衰减系数参考值的选取。水质及生态环境较好的,水质综合衰减系数值大,否则小。河道水质综合衰减系数参考值见表6-4,采用经验值法,确定拟纳污河段水功能区COD综合衰减系数为0.15,氨氮综合衰减系数为0.12。

表6-4　河道水质综合衰减系数参考值

水质及水生态环境状况	水质综合衰减系数参考值(1/d)	
	COD	氨氮
优(相应水质为Ⅱ~Ⅲ类)	0.18~0.25	0.15~0.20
中(相应水质为Ⅲ~Ⅳ类)	0.10~0.18	0.10~0.15
劣(相应水质为Ⅴ类或劣Ⅴ类)	0.05~0.1	0.05~0.1

6. 污染源概化

根据调查确定的入河排污口在水功能区段上的分布情况,将入河排污口概化为中断面排污。对于支流汇入影响处理,如果支流划分了水功能区并要求控污,或者支流现状水质优于功能区水质,则不考虑支流汇入影响;否则将支流汇入视作污染源处理。对于污染源排放量,本次规划主要依据入河排污口现状调查的统计信息，估算入河流量，下文纳污能力计算时结合现状各水功能区污染源入河流量，同时考虑各水功能区规划水平年内污水处理厂规划等。

6.2.2.4　纳污能力计算

本次计算郑州市水功能区纳污能力计算结果见表6-5，经计算，郑州市规划水平年已划定水功能区河段COD和氨氮纳污能力分别为13 731.5 t/a和616.6 t/a。表6-5中颍河登封过渡区、贾鲁河中牟农业用水区和双洎河新郑长葛过渡区由于受到上一水功能区影响，为了保证水功能区的水质目标，颍河登封过渡区、贾鲁河中牟农业用水区和双洎河新郑长葛过渡区不存在纳污能力。洛河巩义过渡区现状水质达标，则该水功能区纳污能力按现状污染物入河量进行估算，即现状污染物入河量即为河道纳污能力。

表6-5　郑州市水功能区纳污能力计算结果

河流名称	水功能区		水质目标	规划水平年纳污能力	
	一级水功能区	二级水功能区		COD（t/a）	氨氮（t/a）
颍河	颍河许昌开发利用区	颍河登封工业用水区	Ⅲ	28.4	1.2
		颍河登封排污控制区	Ⅴ	147.4	7.3
		颍河登封过渡区	Ⅲ	0	0
清潩河	清潩河许昌开发利用区	清潩河新郑长葛农业用水区	Ⅳ	37.3	1.7
贾鲁河	贾鲁河郑州开发利用区	贾鲁河郑州排污控制区	Ⅲ	1 965.1	81.5
		贾鲁河郑州中牟农业用水区	Ⅳ	2 476.4	102.0
		贾鲁河中牟排污控制区	Ⅴ	254.5	10.2
		贾鲁河中牟农业用水区	Ⅳ	0	0
索须河	索须河郑州开发利用区	索须河荥阳渔业用水区	Ⅲ	65.7	2.7
		索须河荥阳排污控制区	Ⅴ	266.7	12.7
		索须河荥阳郑州过渡区	Ⅲ	161.2	3.6
东风渠	东风渠郑州开发利用区	东风渠郑州景观娱乐用水区	Ⅲ	86.2	3.7
		东风渠郑州排污控制区	Ⅲ	272.3	11.4
双洎河	双洎河新郑开发利用区	双洎河新密排污控制区	Ⅴ	419.1	20.0
		双洎河新密新郑过渡区	Ⅳ	202.8	8.2
		双洎河新郑排污控制区	Ⅴ	369.5	17.0
		双洎河新郑长葛过渡区	Ⅳ	0	0

续表 6-5

河流名称	水功能区		水质目标	规划水平年纳污能力	
	一级水功能区	二级水功能区		COD（t/a）	氨氮（t/a）
汜水河	汜水河巩义开发利用区	汜水河巩义排污控制区	Ⅴ	59.2	2.6
		汜水河巩义过渡区	Ⅴ	72.8	3.0
洛河	洛河卢氏巩义开发利用区	洛河偃师农业用水区	Ⅲ	706.5	28.7
		洛河偃师巩义农业用水区	Ⅳ	3 093.6	149.7
		洛河巩义排污控制区	Ⅴ	2 883.2	141.1
		洛河巩义过渡区	Ⅳ	82.0	4.5
坞罗河	坞罗河巩义开发利用区	坞罗河巩义农业用水区	Ⅳ	25.0	1.2
后寺河	后寺河巩义开发利用区	后寺河巩义景观娱乐用水区	Ⅳ	29.6	1.4
		后寺河巩义排污控制区	Ⅴ	27.0	1.2

6.2.3　污染物入河控制量方案

6.2.3.1　现状污染物入河量调查

现状污染物入河量调查主要结合各市、县（区）入河排污口的普查工作，以及对工作范围内的入河排污口进行补充调查分析，统计各水功能区的废（污）水入河量和主要污染物入河量。现状水功能区污染物入河量调查结果见表 6-6。

根据调查，现状污水排放量为 84 631.2 万 t/a，主要污染物 COD 和氨氮入河量约为 37 094.3 万 t/a 和 3 279.9 万 t/a。在各水功能区中，贾鲁河郑州排污控制区污水排放量最大，其次为贾鲁河中牟农业用水区。其中贾鲁河郑州排污控制区主要承接主城区生活、工业废水；贾鲁河中牟农业用水区污水排放量较大，主要是由于郑州新区污水处理厂排放污水量较大。同时，由表 6-6 也可以看出，入河排污口分布不合理，主要体现为：坞罗河巩义饮用水源区分布有入河排污口；过渡区和农业用水区污水排放量大，而排污控制区污水排放量小等。

表 6-6 现状水功能区污染物入河量调查结果

序号	一级功能区名称	二级功能区名称	污水排放量（万 t/a）	污染物入河量（t/a）	
				COD	氨氮
1	颍河登封源头水保护区				
2	颍河许昌开发利用区	颍河登封工业用水区	57	9.1	0.2
3		颍河登封排污控制区			
4		颍河登封过渡区	359	55.8	3.4
5		颍河白沙水库景观娱乐用水区			
6	清溴河许昌开发利用区	清溴河新郑长葛农业用水区	50	7	4.73
7	贾鲁河郑州开发利用区	贾鲁河郑州饮用水源区			
8		贾鲁河郑州排污控制区	31 092.3	9 283	1 049
9		贾鲁河郑州中牟农业用水区	5 382.2	869.0	43.1
10		贾鲁河中牟排污控制区	3 083.0	1 734.8	142.2
11		贾鲁河中牟农业用水区	23 739.6	11 865.3	1 186.4
12	索须河郑州开发利用区	索须河荥阳饮用水源区			
13		索须河荥阳渔业用水区			
14		索须河荥阳排污控制区	1 759.4	715.9	65.3
15		索须河荥阳郑州过渡区	700.1	284.6	27.9
16	东风渠郑州开发利用区	东风渠郑州景观娱乐用水区			
17		东风渠郑州排污控制区	4 031.9	6 601.5	286.6
18	双洎河新郑开发利用区	双洎河新密饮用水源区			
19		双洎河新密排污控制区	1 390.9	703.3	70.2
20		双洎河新密新郑过渡区	2 059.8	691.0	16.6
21		双洎河新郑排污控制区	4 015.0	1 788.5	165.1
22		双洎河新郑长葛过渡区	373.0	149.2	18.7
23	黄河河南开发利用区	黄河郑州新乡饮用工业用水区			
24	汜水河巩义开发利用区	汜水河巩义排污控制区	1 352.4	170.2	22.7
25		汜水河巩义过渡区	1 376.1	398.7	35.4

续表 6-6

序号	一级功能区名称	二级功能区名称	污水排放量(万 t/a)	污染物入河量(t/a)	
				COD	氨氮
26	洛河卢氏巩义开发利用区	洛河偃师农业用水区			
27		洛河偃师巩义农业用水区	1 508.7	1 095.0	50.1
28		洛河巩义排污控制区	1 992.4	370.2	43.8
29		洛河巩义过渡区	292.8	267.8	38.6
30	坞罗河巩义开发利用区	坞罗河巩义饮用水源区	15.8	34.4	9.9
31		坞罗河巩义农业用水区			
32	后寺河巩义开发利用区	后寺河巩义饮用水源区			
33		后寺河巩义景观娱乐用水区			
34		后寺河巩义排污控制区			
合计			84 631.4	37 094.3	3 279.9

6.2.3.2 规划水平年污染物入河量估算

根据《水资源保护规划编制规程》(SL 613—2013),规划水平年污染物入河量可根据区域经济社会发展规划、区域综合规划、水污染防治规划等相关规划,采用适宜方法进行预测。本次规划水平年污染物入河量估算依据《郑州市水资源综合规划》(2018)确定的各行政分区配置水量和污水排放标准进行估算。

1. 规划水平年污水排放标准确定

本次规划水平年污水排放标准确定,主要结合郑州市河道水质现状和郑州市水资源综合规划成果,同时考虑到郑州市国家中心城市建设和河长制具体要求等,规划水平年污水排放标准从严制定。具体要求如下所述。

排入水功能区目标为Ⅱ类和Ⅲ类水体的污水执行 COD 和氨氮排放浓度不高于《地表水环境质量标准》(GB 3838—2002)Ⅲ类标准限值,即 COD 不超过 20 mg/L,氨氮不超过 1.0 mg/L;排入水功能区目标为Ⅳ类和Ⅴ类水体的污水执行 COD 和氨氮排放浓度不高于《地表水环境质量标准》(GB 3838—2002)Ⅳ类标准限值,即 COD 不超过 30 mg/L,氨氮不超过 1.5 mg/L。

2. 污染物入河量估算方法

1)工业废水污染物入河量计算

工业废水排放量通过规划水平年工业供水量乘以产污系数计算得出。根据郑州市工业现状耗水情况,考虑各企业内部用水循环率的逐步提高,确定2020年、2030年工业产污系数为0.7。

工业废水污染物入河分为两个部分:一是排入污水处理厂经处理后排入河道的污水,按本次提出的排放标准计算;二是直接外排入河道的废水,考虑入河沿程损失,入河系数取0.6,入河污染物COD浓度约为300 mg/L,氨氮浓度约为30 mg/L。

2)城镇生活污水、污染物入河量计算

城镇生活污水排放量通过规划水平年城镇生活供水量乘以产污系数计算得出。结合郑州市城镇生活现状耗水情况,确定2020年、2030年城镇生活产污系数为0.7。

城镇生活污水、污染物入河量主要分为两个部分:一是通过市政管网排入污水处理厂经过处理后排入河道的污水,按本次提出的排放标准计算;二是直接外排入河道的污水,考虑入河沿程损失,入河系数取0.6,入河污染物COD浓度约为300 mg/L,氨氮浓度约为30 mg/L。

3)农村生活污水、污染物入河量计算

农村生活污水排放量通过规划水平年农村生活供水量乘以产污系数计算得出。结合郑州市农村生活现状用水,确定2020年、2030年农村生活产污系数为0.7。

农村生活污水、污染物入河量主要为直接排入河道的污水,考虑入河沿程损失,入河系数取0.1,入河污染物COD浓度约为300 mg/L,氨氮浓度约为30 mg/L。

4)农田面源污染入河量计算

农田面源污染物通过规划水平年农田灌溉面积乘以亩均污染物浓度计算得出,根据郑州市农田种植作物及化肥施用量情况,确定污染物COD浓度约为15 kg/亩,氨氮浓度约为3 kg/亩。考虑沿程损失,入河系数取0.1。

3.规划水平年污染物入河量估算

结合郑州市水资源综合规划最新水资源配置成果,根据以上确定的入河量估算方法和污水排放标准进行估算(见表6-7)。

1)2025年污染物入河量估算

2025年,郑州市污水排放总量为99 053万m^3。其中,工业废水排放量为43 169万m^3,占排放总量的43.6%;三产废水排放量为11 212万m^3,占排放总量的11.3%;城镇生活污水排放量为39 988万m^3,占排放总量的40.4%;农村生活污水排放量为4 685万m^3,占排放总量的4.7%。

经污水处理厂处理后的污水量为91 648万m^3,其中2025年再生水利用量为36 603万m^3,因此污水入河量为55 045万m^3,入河污染物量COD约为

表 6-7 规划水平年污染物入河量估算

河流	水功能区		2025 年			2035 年		
	一级区	二级区	污水入河量(万 m^3)	污染物入河量(t/a) COD	污染物入河量(t/a) 氨氮	污水入河量(万 m^3)	污染物入河量(t/a) COD	污染物入河量(t/a) 氨氮
颍河	颍河许昌开发利用区	颍河登封工业用水区	196	693	80	17	157	26
		颍河登封排污控制区	3 844	859	49	5 123	1 046	55
		颍河登封过渡区	185	656	76	16	148	25
		颍河白沙水库景观娱乐用水区	138	577	74	11	196	36
清潩河	清潩河许昌开发利用区	清潩河新郑长葛农业用水区	13 581	4 143	211	16 407	4 922	246
贾鲁河	贾鲁河郑州开发利用区	贾鲁河郑州排污控制区	25	75	8	28	85	9
		贾鲁河郑州中牟农业用水区	4 416	1 345	68	7 299	2 215	112
		贾鲁河中牟排污控制区	27	1 237	239	31	1 206	232
		贾鲁河中牟农业用水区	19	751	145	14	735	143
索须河	索须河郑州开发利用区	索须河荥阳渔业用水区	4 944	1 062	57	8 681	1 789	92
		索须河荥阳排污控制区	42	126	13	0	0	0
		索须河荥阳郑州过渡区	23	68	7	9	26	3
东风渠	东风渠郑州开发利用区	东风渠郑州景观娱乐用水区	12 018	2 481	128	11 315	2 292	116
		东风渠郑州排污控制区	4 289	2 303	227	5 379	1 523	134

续表 6-7

河流	水功能区		2025 年			2035 年		
			污水入河量(万 m^3)	污染物入河量(t/a)		污水入河量(万 m^3)	污染物入河量(t/a)	
	一级区	二级区		COD	氨氮		COD	氨氮
双洎河	双洎河新郑开发利用区	双洎河新密排污控制区	223	1 028	139	18	415	78
		双洎河新密新郑过渡区	7 794	2 582	143	13 671	4 210	217
		双洎河新郑排污控制区	22	94	12	2	32	6
		双洎河新郑长葛过渡区	3 791	1 648	121	5 535	1 801	108
汜水河	汜水河巩义开发利用区	汜水河巩义排污控制区	1 650	226	45	1 850	245	55
洛河	洛河卢氏巩义开发利用区	洛河偃师农业用水区	117	431	51	10	112	19
		洛河偃师巩义农业用水区	85	314	37	8	81	14
		洛河巩义排污控制区	827	337	22	1 208	370	19
		洛河巩义过渡区	55	202	24	5	53	9
坞罗河	坞罗河巩义开发利用区	坞罗河巩义农业用水区	57	212	25	5	55	10
后寺河	后寺河巩义开发利用区	后寺河巩义景观娱乐用水区	51	190	23	5	49	9
		后寺河巩义排污控制区	331	135	9	483	148	8
合计			58 750	23 775	2 033	77 130	23 911	1 781

14 051 t/a,氨氮约为 703 t/a。

未经处理直接外排的废(污)水量为 7 405 万 m^3,考虑入河沿程损失,废(污)水入河量为 3 705 万 m^3;入河污染物量 COD 约为 6 367 t/a,氨氮约为 658 t/a。

农田面源入河污染物量 COD 约为 3 357 t/a,氨氮约为 672 t/a。

综上所述,2025 年郑州市废(污)水入河总量为 58 750 万 m^3,入河污染物 COD 总量约为 23 775 t/a,氨氮总量约为 2 033 t/a。

2)2035 年污染物入河量估算

2035 年,郑州市污水排放总量为 144 010 万 m^3。其中工业废水排放量为 65 904 万 m^3,占排放总量的 45.8%;三产废水排放量为 21 245 万 m^3,占排放总量的 14.8%;城镇生活污水排放量为 53 728 万 m^3,占排放总量的 37.3%;农村生活污水排放量为 3 133 万 m^3,占排放总量的 2.2%。

经污水处理厂处理后的污水量为 140 877 万 m^3,其中 2035 年再生水利用量为 64 807 万 m^3,因此污水入河量为 76 070 万 m^3;入河污染物量 COD 约为 19 448 t/a,氨氮约为 972 t/a。

未经处理直接外排的废(污)水量为 3 133 万 m^3,考虑入河沿程损失,废(污)水入河量为 1 060 万 m^3;入河污染物 COD 约为 1 148 t/a,氨氮约为 146 t/a。

农田面源入河污染物量 COD 约为 3 315 t/a,氨氮约为 663 t/a。

综上所述,2035 年郑州市废污水入河总量为 77 130 万 m^3,入河污染物 COD 总量约为 23 911 t/a,氨氮总量约为 1 781 t/a。

6.2.3.3　污染物入河量估算

根据《水资源保护规划编制规程》(SL 613—2013),污染物入河量控制方案应依据水域纳污能力和规划目标,结合规划水域现状水平年污染物入河量制订。

根据前文现状年污染物入河量及水功能区纳污能力计算结果,以水功能区为单元,将规划水平年的污染物入河量与纳污能力相比较,如果污染物入河量超过水功能区纳污能力,需要计算入河削减量;如果污染物入河量低于水功能区纳污能力,为有效控制污染物入河量,应制订水功能区污染物入河控制量。在制订入河控制量时,需要考虑水功能区水质要求、水资源可利用量、未来人口增长和经济社会发展对水资源的需求等,但入河控制量不得超过水功能区纳污能力。

郑州市规划水平年水功能区污染物入河量控制成果见表 6-8。

表 6-8　郑州市规划水平年水功能区污染物入河量控制成果

水功能区		规划水平年	COD(t/a)				氨氮(t/a)			
一级区	二级区		入河量	纳污能力	入河控制量	入河削减量	入河量	纳污能力	入河控制量	入河削减量
颍河许昌开发利用区	颍河登封工业用水区	2025	693	28.4		664.6	80	1.2		78.8
		2035	157	28.4		128.6	26	1.2		24.8
	颍河登封排污控制区	2025	859	147.4		711.6	49	7.3		41.7
		2035	1 046	147.4		898.6	55	7.3		47.7
	颍河登封过渡区	2025	656	0		656	76	0		76
		2035	148	0		148	25	0		25
清溵河许昌开发利用区	清溵河新郑长葛农业用水区	2025	4 143	37.3		4 105.7	211	1.7		209.3
		2035	4 922	37.3		4 884.7	246	1.7		244.3
贾鲁河郑州开发利用区	贾鲁河郑州排污控制区	2025	75	1 965.1	1 890.1		8	81.5	73.5	
		2035	85	1 965.1	1 880.1		9	81.5	72.5	
	贾鲁河郑州中牟农业用水区	2025	1 345	2 476.4	1 131.4		68	102	34	
		2035	2 215	2 476.4	261.4		112	102		10
	贾鲁河中牟排污控制区	2025	1 237	254.5		982.5	239	10.2		228.8
		2035	1 206	254.5		951.5	232	10.2		221.8
	贾鲁河中牟农业用水区	2025	751	0		751	145	0		145
		2035	735	0		735	143	0		143

续表 6-8

水功能区		规划水平年	COD(t/a)				氨氮(t/a)			
一级区	二级区		入河量	纳污能力	入河控制量	入河削减量	入河量	纳污能力	入河控制量	入河削减量
索须河郑州开发利用区	索须河荥阳渔业用水区	2025	1 062	65.7		966.3	57	2.7		54.3
		2035	1 789	65.7		1 723.3	92	2.7		89.3
	索须河荥阳排污控制区	2025	126	266.7	140.7		13	12.7		0.3
		2035	0	266.7	266.7		0	12.7	12.7	
	索须河荥阳郑州过渡区	2025	68	161.2	93.2		7	3.6		3.4
		2035	26	161.2	135.2		3	3.6	0.6	
东风渠郑州开发利用区	东风渠郑州景观娱乐用水区	2025	2 481	86.2		2 394.8	128	3.7		124.3
		2035	2 292	86.2		2 205.8	116	3.7		112.3
	东风渠郑州排污控制区	2025	2 303	272.3		2 030.7	227	11.4		215.6
		2035	1 523	272.3		1 250.7	134	11.4		122.6
双洎河新郑开发利用区	双洎河新密排污控制区	2025	1 028	419.1		608.9	139	20		119
		2035	415	419.1	4.1	-4.1	78	20		58
	双洎河新密新郑过渡区	2025	2 582	202.8		2 379.2	143	8.2		134.8
		2035	4 210	202.8		4 007.2	217	8.2		208.8
	双洎河新郑排污控制区	2025	94	369.5	275.5		12	17	5	
		2035	32	369.5	337.5		6	17	11	
	双洎河新郑长葛过渡区	2025	1 648	0		1 648	121	0		121
		2035	1 801	0		1 801	108	0		108

续表 6-8

水功能区		规划水平年	COD(t/a)				氨氮(t/a)			
一级区	二级区		入河量	纳污能力	入河控制量	入河削减量	入河量	纳污能力	入河控制量	入河削减量
汜水河巩义开发利用区	汜水河巩义排污控制区	2025	226	59.2		166.8	45	2.6		42.4
		2035	245	59.2		185.8	55	2.6		52.4
洛河卢氏巩义开发利用区	洛河偃师农业用水区	2025	431	706.5	275.5		51	28.7		22.3
		2035	112	706.5	594.5		19	28.7	9.7	
	洛河偃师巩义农业用水区	2025	314	3 093.6	2 779.6		37	149.7	112.7	
		2035	81	3 093.6	3 012.6		14	149.7	135.7	
	洛河巩义排污控制区	2025	337	2 883.2	2 546.2		22	141.1	119.1	
		2035	370	2 883.2	2 513.2		19	141.1	122.1	
	洛河巩义过渡区	2025	202	82		120	24	4.5		19.5
		2035	53	82	29		9	4.5		4.5
坞罗河巩义开发利用区	坞罗河巩义农业用水区	2025	212	25		187	25	1.2		23.8
		2035	55	25		30	10	1.2		8.8
后寺河巩义开发利用区	后寺河巩义景观娱乐用水区	2025	190	29.6		160.4	23	1.4		21.6
		2035	49	29.6		19.4	9	1.4		7.6
	后寺河巩义排污控制区	2025	135	27		108	9	1.2		7.8
		2035	148	27		121	8	1.2		6.8

6.3　入河排污口布局与整治

入河排污口布局与整治的总体思路:以河南省水功能区划为基础,在入河排污口现状调查评价的基础上,结合水域纳污能力分析,确定水质污染程度和入河污染物的限排要求,同时结合地方社会经济、产业布局及城镇规划,优化入河排污口布局,提出整治意见和方案。

6.3.1　入河排污口布局

在入河排污口调查评价的基础上,以水功能区划为依据,结合相关规划,分析评价现状排污口对水环境和水生态目标的影响;根据河段功能要求,结合经济发展、产业布局及城镇规划,确定入河排污口禁止区、限制区等布局方案。

6.3.1.1　禁止设置入河排污口水域

根据《中华人民共和国水法》、河南省水功能区划、河南省水域纳污能力及限制排污总量控制等有关要求,禁止设置入河排污口的水域包括但不仅限于以下几处:

(1)饮用水水源地保护区;

(2)跨流域调水水源地及其输水干线;

(3)区域供水水源地及其输水通道;

(4)具有重要生态功能的水域;

(5)其他禁止设置入河排污口的水域。

6.3.1.2　限制设置入河排污口水域

除禁止设置入河排污口的水域之外,其他水域均为限制设置入河排污口水域。对于与禁止设置入河排污口水域联系比较密切的一级支流及部分二级支流,应严格限制对其的排污行为;一些当前没有向城镇供水任务,但是从长远考虑仍具有保护意义的湖泊、水库等水域及省界缓冲区等,也应严格限制对其的排污行为;上述水域划为严格限制设置入河排污口水域。对于其他水域,应根据排污控制总量要求,对排污行为进行一般控制,划为一般限制设置入河排污口水域。

严格限制设置入河排污口水域:对于污染物入河量已经削减到纳污能力范围内,或者现状污染物入河量小于纳污能力的水域,原则上可在不新增污染物入河量的控制目标的前提下,采取以老带新、削老增新等手段,严格限制设置新的入河排污口。在现状污染物入河量未削减到水域纳污能力范围内之前,该水域原则上不得新建、扩建入河排污口。

一般限制设置入河排污口水域:对于污染物入河量已经削减到纳污能力范围内,或者现状污染物入河量小于纳污能力的水域,原则上可在水体纳污能力容许的条件下,采取以老带新、削老增新等手段,有度地限制设置新的入河排污口。在现状污染物入河量未削减到水域纳污能力范围内之前,该水域原则上不得新建、扩建入河排污口。

郑州市水功能区入河排污布局方案见表6-9。

表6-9　郑州市水功能区入河排污布局方案

序号	流域	河流	一级功能区名称	二级功能区名称	备注
1	淮河	颍河	颍河许昌开发利用区	颍河登封工业用水区	严格限制区
2	淮河	颍河		颍河登封排污控制区	严格限制区
3	淮河	颍河		颍河登封过渡区	严格限制区
4	淮河	贾鲁河	贾鲁河郑州开发利用区	贾鲁河郑州饮用水源区	禁止区
5	淮河	贾鲁河		贾鲁河郑州排污控制区	严格限制区
6	淮河	贾鲁河		贾鲁河郑州中牟农业用水区	严格限制区
7	淮河	贾鲁河		贾鲁河中牟排污控制区	严格限制区
8	淮河	索须河	索须河郑州开发利用区	索须河荥阳饮用水源区	禁止区
9	淮河	索须河		索须河荥阳渔业用水区	严格限制区
10	淮河	索须河		索须河荥阳排污控制区	严格限制区
11	淮河	索须河		索须河荥阳郑州过渡区	严格限制区
12	淮河	东风渠	东风渠郑州开发利用区	东风渠郑州景观娱乐用水区	严格限制区
13	淮河	东风渠		东风渠郑州排污控制区	严格限制区
14	淮河	双洎河	双洎河新郑开发利用区	双洎河新密饮用水源区	禁止区
15	淮河	双洎河		双洎河新密排污控制区	一般限制区
16	淮河	双洎河		双洎河新密新郑过渡区	严格限制区
17	淮河	双洎河		双洎河新郑排污控制区	严格限制区
18	淮河	双洎河		双洎河新郑长葛过渡区	严格限制区
19	黄河	汜水河	汜水河巩义开发利用区	汜水河巩义排污控制区	一般限制区
20	黄河	汜水河		汜水河巩义过渡区	一般限制区

续表 6-9

序号	流域	河流	一级功能区名称	二级功能区名称	备注
21	黄河	坞罗河	坞罗河巩义开发利用区	坞罗河巩义饮用水源区	禁止区
22	黄河	坞罗河		坞罗河巩义农业用水区	一般限制区
23	黄河	后寺河	后寺河巩义开发利用区	后寺河巩义饮用水源区	禁止区
24	黄河	后寺河		后寺河巩义景观娱乐用水区	严格限制区
25	黄河	后寺河		后寺河巩义排污控制区	严格限制区
26	黄河	洛河	洛河卢氏巩义开发利用区	洛河偃师巩义农业用水区	严格限制区
27	黄河	洛河		洛河巩义排污控制区	严格限制区
28	黄河	洛河		洛河巩义过渡区	一般限制区

6.3.2　入河排污口整治

以水功能区水质保护为目的，以入河排污口优化布局为基础，对入河排污口整治进行统一规划，按照回用优先、集中处理、搬迁归并、调整入河方式等分类，制订入河排污口整治方案。原则上禁止区水域所有排污口均需整治，对限制区水域内已设入河排污口，要求入河排污口设置单位提出分阶段整治方案。

6.3.2.1　整治措施

1. 生态净化工程

排污口生态净化工程是针对经处理达到相应排放标准的废(污)水，或合流制截流式排水系统的排水，为进一步改善其水质、满足水功能区水质要求而采取的各种生态工程措施，包括生态沟渠、净水塘坑、跌水复氧、人工湿地等。生态净化工程系统结构如图6-2所示。

净水塘坑有纤维塘、稳定塘等。纤维塘布置生态纤维填料，便于微生物挂膜，人为强化微生物种类和浓度，提高水的净化效率。稳定塘起缓冲、延长水力停留时间、促进颗粒物沉降的作用，可减轻后续单元的污染负荷。

人工湿地底层填料为陶粒、中层为石灰石、上层为砾石、湿地植物主要为灯心草，有利于微生物附着生长和防止堵塞。

应结合当地自然地理条件、废(污)水特性、防洪排涝要求及景观需求等，综合考虑选择排污口生态净化工程措施。

2. 排污口合并与调整工程

应根据水功能区水质目标，结合当地污水处理设施的建设情况和规划要

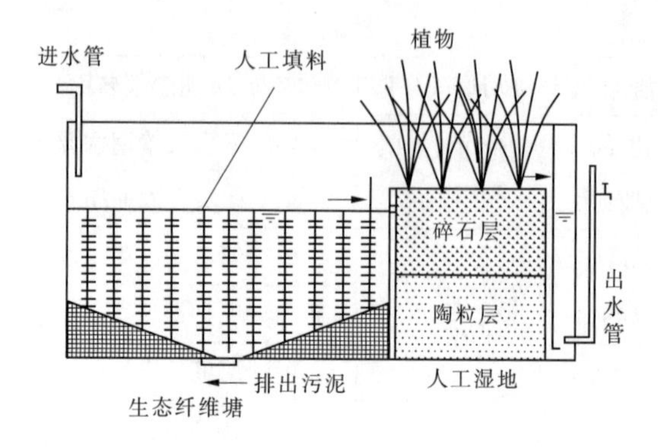

图 6-2　生态净化工程系统结构示意图

求,对入河排污口进行必要的合并与调整。

对于城区内禁止设置入河排污口的水域,入河排污口整治应重点考虑污水集中入管网,并与城市的污水截流系统相协调;截污导流一般采取将入河排污口延伸至下游水功能区,或延伸至下游与其他入河排污口归并等形式。对于无法实施集中入管网或截污导流的入河排污口,如果具备合适的条件,可以考虑调整排放。调整排放的水域必须符合水功能区管理的要求。

对于远离城市的禁止设置入河排污口水域,由于不具备污水入管网的条件,整治方案应重点考虑污水处理后回用、调整(改道)、截污导流等措施。

3. 再生水回用工程

污水经处理后回用,包括厂内循环回用和厂外回用两个部分。对于工业污水处理设施产生的达标尾水主要考虑企业内部循环回用;对于城镇污水处理厂处理达标的尾水主要考虑深度处理后的厂外中水回用。

应按有关政策要求,积极开展中水回用,制订明确的回用方案。对于城区以外的入河排污口,回用方案包括农田灌溉、绿化用水等,但农田灌溉、绿化等回用水不应回流入原水域。对于未按有关要求建设中水处理回用系统、中水回用率达不到要求的城市区域,应采取包括限制新设入河排污口等限制措施。

对于排污量大、对水功能区水质达标具有显著影响的排污企业,若采取上述整治措施仍无法满足水功能区的水质目标要求,应关闭或搬迁企业。

6.3.2.2　综合整治方案

在入河排污口优化布局的基础上,根据污染物入河总量控制分解方案,综合考虑河道管理、岸线规划等要求,相应采取包括排污口净化生态工程、排污口合并与调整工程、污水经处理后回用等措施的主要水功能区入河排污口综合整治方案。一般情况下,位于禁止设置入河排污口水域范围内的排污口和排污规模对水质影响较大的入河排污口，均应纳入综合整治范围。原则上，位于饮用水水源地保护区、调（供）水水源地及其输水沿线的排污口，应列入近期重点整治项目中。入河排污口设置布局与整治方案见表6-10。

表6-10 入河排污口设置布局与整治方案

河流、湖泊名称	水功能区		入河排污口设置布局		入河排污口整治方案	
	一级	二级	水域类型	设置理由	整治方案	措施主要内容
颍河	颍河许昌开发利用区	颍河登封排污控制区	严格限制区	水质达不达标	原区整治	污水处理回用工程
颍河	颍河许昌开发利用区	颍河登封工业用水区	严格限制区	水质达不达标	原区整治	生态净化工程、污水处理回用工程、排污口合并调整
颍河	颍河许昌开发利用区	颍河登封过渡区	严格限制区	水质达不达标	原区整治	污水处理回用工程
索须河	索须河郑州开发利用区	索须河荥阳排污控制区	严格限制区	水质达不达标	原区整治	生态净化工程、污水处理回用工程
双洎河	双洎河新郑开发利用区	双洎河新密排污控制区	严格限制区	水质达不达标	原区整治	污水处理回用工程、排污口合并调整
东风渠	东风渠郑州开发利用区	东风渠郑州排污控制区	严格限制区	水质达不达标	原区整治	生态净化工程、污水处理回用工程、排污口合并调整
贾鲁河	贾鲁河郑州开发利用区	贾鲁河郑州饮用水源区	禁止区	饮用水水源地保护区	原区整治	排污口合并调整、关闭或搬迁排污单位
贾鲁河	贾鲁河郑州开发利用区	贾鲁河郑州排污控制区	严格限制区	水质达不达标	原区整治	生态净化工程、污水处理回用工程、排污口合并调整
双洎河	双洎河新郑开发利用区	双洎河新郑排污控制区	严格限制区	水质达不达标	原区整治	生态净化工程、污水处理回用工程、排污口合并调整
双洎河	双洎河新郑开发利用区	双洎河新密新郑过渡区	严格限制区	水质达不达标	原区整治	污水处理回用工程

续表 6-10

河流、湖泊名称	水功能区		入河排污口设置布局		入河排污口整治方案	
	一级	二级	水域类型	设置理由	整治方案	措施主要内容
双洎河	双洎河新郑开发利用区	双洎河新郑长葛过渡区	严格限制区	水质达不达标	原区整治	污水处理回用工程
贾鲁河	贾鲁河郑州开发利用区	贾鲁河中牟排污控制区	严格限制区	水质达不达标	原区整治	生态净化工程、污水处理回用工程
贾鲁河	贾鲁河郑州开发利用区	贾鲁河中牟农业用水区	一般限制区	水质达不达标	原区整治	污水处理回用工程
贾鲁河	贾鲁河郑州开发利用区	贾鲁河郑州中牟农业用水区	严格限制区	水质达不达标	原区整治	生态净化工程、污水处理回用工程

6.4　面源和内源污染控制及治理

6.4.1　面源污染控制与治理

面源污染防治的总体方案如下所述：

(1)健全农业标准化生产体系，推广和发展资源节约型农业产业，加大测土配方施肥、绿色控害等控肥控药关键技术的推广力度，防治农业面源污染，改善农业生态环境。

(2)建设乡镇污水处理厂(站)和配套收集管网，在农村集中居住点，建设集中式污水处理设施，生活垃圾采用“村收集、镇中转、县运输处理”的方式收集处理。

(3)推广畜禽生态养殖技术，实施规模化畜禽养殖场污染治理工程，提高禽养粪便综合利用率和污水处理率。

本次规划的面源污染控制的具体措施主要为以下五种。

6.4.1.1　**化肥减施**

通过精准化施肥技术和畜禽粪便、农村固体废弃物资源化利用，施用有机肥以培肥地力，减轻农业生产对化学品的过度依赖。施用控失肥和普通肥的小麦田间对照如图 6-3 所示。

图 6-3　施用控失肥和普通肥的小麦田间对照

6.4.1.2　农药减施

通过以低毒、低残留农药替代高毒农药，以生物防治、物理防治部分替代化学防治，在田间统一安置频振式杀虫灯诱杀害虫，控制农作物虫害发生频次，减少化学农药用量。

6.4.1.3　农田氮磷流失生态拦截

积极发展生态农业，改进耕作方式，调整农业种植结构，提高作物对氮磷的吸收效率；采取生物措施与工程措施相结合的方法，加强水土流失治理，减少土壤氮磷的流失率。

通过实行灌排分离，将排水渠改造为生态沟渠，利用沟渠中的植物吸收径流中的养分，对农田损失的氮磷养分进行有效拦截，达到控制养分流失和再利用的目的，如图 6-4 所示。

6.4.1.4　畜禽养殖废弃物的处理利用

根据水环境质量目标控制要求，实施畜禽养殖场废弃物处理利用工程，建设清洁养殖小区，实现粪便资源化利用。

6.4.1.5　乡村清洁

以自然村为单元，建设生活污水厌氧净化池、生活垃圾发酵池、田间建设农村生活污水收集管网和处理设施，提高农村污水处理率，形成结构合理、良性循环的农业生产体系和生态良好的农村环境。

(a)改造前　　(b)改造后

图 6-4　排水渠改造为生态沟渠的田间对比照

通过垃圾收集池和乡村物业服务站,资源化利用农村生活垃圾、污水和人粪尿等废弃物,减少污染物排放。上海市农村污水治理:微动力污水处理 + 土壤渗滤如图 6-5 所示。

图 6-5　上海市农村污水治理:微动力污水处理 + 土壤渗滤

本次面源污染的控制措施主要结合水功能区，对重点区域的重点河道进行项目规划，对于未能涵盖的区域，后期将与新农村建设、其他水利规划，以及环保、农林、城建等相关部门的相关规划实施治理。

6.4.2　内源污染控制与治理

内源污染治理技术按底泥污染、水产养殖污染、游船污染三种基本类型分析阐述。

6.4.2.1　底泥污染的治理技术

底泥污染的治理技术主要包括工程治理方法、化学治理方法、生物－生态修复方法和资源化利用（见图6-6）。

（1）工程治理方法：环保疏浚、工程疏浚、固化填埋等。

（2）化学治理方法：投加改良剂、抑制剂。

（a）工程疏浚

（b）生态修复

（c）生态修复

（d）化学治理

图6-6　底泥污染的治理技术

(3)生物－生态修复方法:植物修复、微生物修复、动物修复及不同生物联合修复。

(4)资源化利用:堆肥农田、回填土、制造瓦砖等。

6.4.2.2 水产养殖污染的治理技术

(1)实施围网养殖清理工程,逐步拆除围网养殖。

(2)实施池塘循环水养殖技术示范工程,对现有养殖池塘进行合理布局,构建养殖池塘－湿地系统,实现养殖小区内水的循环利用。

(3)实施依法管理,保障渔业环境。

6.5 水生态系统保护与修复

6.5.1 生态需水保障

6.5.1.1 控制断面选取

控制断面选取依据下述原则:

(1)主要河流的重要控制断面;

(2)重要大中型水利枢纽的控制断面;

(3)重要水生生物栖息地及湿地等敏感水域控制断面;

(4)为便于监控,所选择的控制断面应尽可能与水文测站相一致。

根据郑州市水文特点,每个计算单元选择一个断面,作为生态基流及敏感生态需水控制断面。同时,为保证控制断面水文资料数据完整可靠和方便后期管理监控,所选择的控制断面均与水文测站一致。规划区的水文测站主要有位于颍河上的告成水文站、位于贾鲁河上的中牟水文站及位于双洎河上的新郑水文站,本次以三个水文测站的长系列资料为基础,以水文测站位置作为控制断面,完成生态基流的基本计算。

6.5.1.2 生态用水配置

1. 生态用水配置要求

(1)对于受人工调控影响的河流,为保证河流生态系统生态功能的正常运转,应保证水文及水动力过程的变化不超过水生生物的耐受范围,能够满足水生生物正常生活史的完成。

(2)根据不同流域特点,在分析水资源可利用量的基础上,进行生态需水量配置,并进一步根据河流的生态特征和功能需求,合理确定生态基流及敏感生态需水。

(3)生态用水配置涉及资源、环境、经济等多方面效益,是一个多目标优化过程。通过生态用水配置,统筹协调河湖生态保护目标与流域及区域社会经济发展目标之间、生态用水与其他社会经济用水之间,以及不同类型水源之间、开发利用之间的关系。

(4)应统筹考虑河流的生态服务功能,生态环境破坏程度、破坏类型、尺度特征及所在流域的水资源开发利用要求。

2.配置原则

河道内生态水量的配置原则如下所述:

(1)人类活动影响较大而水资源相对丰富的河流,人类活动对水资源具有一定的调控能力,生态环境留用的水量一般占70%~80%。

(2)水资源较为短缺、人类活动影响较大的河流,目前经济社会和水资源利用程度已经达到很高的程度,生态环境留用的水量一般占45%~60%。

3.配置方案

根据贾鲁河(中牟水文站)河流流量统计资料,采用Tennant法计算生态基流为1.41~4.22 m^3/s;采用90%保证率法计算生态基流为3.76 m^3/s。《郑州都市区生态水系全面提升工程规划》提出贾鲁河适宜生态基流为5.2 m^3/s,由于《郑州都市区生态水系全面提升工程规划》提出的贾鲁河适宜生态基流较本次规划计算结果偏大,从河道自身净化及生态用水保障等方面综合考虑,本次规划采用《郑州都市区生态水系全面提升工程规划》提出的河道适宜生态流量和生态用水配置方案,详细如下所述。

贾鲁河河道适宜生态流量为5.2 m^3/s,索须河河道适宜生态流量为2.9 m^3/s,十八里河、潮河等河道适宜生态流量为1.3~1.8 m^3/s,十七里河、东风渠、金水河等河道适宜生态流量为1~1.4 m^3/s,枯河、魏河、熊儿河等适宜生态流量为1 m^3/s,加上郑东新区龙湖需水量10 m^3/s,郑州市中心城区生态水系需水量约为27 m^3/s;航空港综合经济实验区水系需水量约为5 m^3/s,经开区等其他水系需水量约为6 m^3/s;则整个郑州市生态水系需水总量约为38 m^3/s。

在郑州市花园口引黄补源工程完成扩容改造后,供水流量达到10 m^3/s;邙山干渠生态输水工程改造后,供水流量由现状的6 m^3/s扩大到14 m^3/s;南水北调建成通水后,邙山干渠引水全部用于市区生态水系。目前,正在建设的郑州市牛口峪引黄工程,引水流量为15 m^3/s。上述三大水源工程的总供水能力为39 m^3/s,结合区域水库的合理调度,以及中水回用工程、雨洪利用工程的补充辅助,基本能够满足主城区生态水系需水总量的要求。

生态需水保障是在保证生态系统可持续性的同时,在多种用水需求之间寻找优化和平衡。在水资源短缺及水生态系统退化的背景下，生态需水保障是现代水资源管理的重要组成部分。

6.5.2　水生态系统保护与修复措施

随着郑州市经济社会用水量的不断增长，水资源短缺与经济社会快速发展对水资源保障的要求日益提高形成尖锐矛盾。通过截污治污、增加水源、连通水系、扩大水面、修复生态、营造景观，不仅可以提升郑州市生态水系品质，还可以修复受损的水生态系统，促进郑州市水生态环境良性循环。

6.5.2.1　西南山区水源涵养与水土保持

对郑州市西南部山区、丘陵区，采取生物措施和工程措施相结合，以生物措施为主的治理方式，改善生态环境、提高人民生活质量、实现山川秀美、建设生态郑州，以现代生态林业为理论依据，按照可持续发展的战略思想，“管、造、退、补、封”并举，建设以森林植被为主体的生态安全体系，增加嵩山山脉的水源涵养能力，创造良好的生活和旅游环境。

坚持以《河南省林业生态环境建设规划》和《郑州市林业生态工程建设规划》为指导，统一规划、科学布局、先易后难、分步实施。坚持综合治理、因地制宜、因害设防。营造水土保持林要以乔木树种为主，乔、灌、草相结合，形成多功能、高效益的综合生态林体系，以水土保持林为骨架，结合生态经济林、环境保护林、风景林等，形成带、片、面、点结合的综合森林防护体系。

6.5.2.2　河湖连通工程

依托西水东引工程、贾鲁河综合治理工程、环城生态水系循环工程、引水入密工程等，实现主城区水系与航空城、东部新城、西部新城、新密组团、巩义组团水系相连通，形成“互连互通”的全域水系网络。通过水系建设涵养水分、保护水源，把死水变为活水、活水变清，提升流域水量、改善生态环境。

6.5.2.3　河道综合治理工程

按照郑州市水系理念，应加快实施贾鲁河、索须河、潮河等重大城区河道生态提升工程，着力推进登封颍河、新密溱河、新郑黄水河、中牟堤里小清河、上街汜水河、港区梅河二期、经开区龙渠凤河等重点河道综合治理工程，加快金水河、熊儿河、十七里河、十八里河等一批河道生态修复工程，开展郑州市湖泊湿地生态修复工程、郑东新区河湖生态提升工程等，构建湿地生态系统，改善郑州市生态环境，打造自然和谐的水生态景观效果。

实施中小河流治理，充分发挥其引清释污、调水促流和自我净化功能，促进流域水环境质量的改善。统筹规划、科学推进小河支流整治，打通水系微循环,促进水体流动。以南水北调中线等重要饮用水水源地周边村庄及环境问题突出的村庄为重点,结合扶贫开发和美丽乡村建设,加快实施农村河道连片综合整治,调整优化农村河网布局,提高河道通畅水平,综合改善农村水环境。

6.5.2.4　水环境保护与水生态修复工程

人工湿地对有机物有较强的净化能力,污水中的不溶性有机物通过湿地的沉淀、过滤作用,可以很快被截留下来,从而被微生物利用;污水中的可溶性有机物则可通过植物根系生物膜的吸附、吸收及生物代谢过程而被分解去除。科学保护湿地资源,确保河流和湿地面积不减少,加大湿地保护与建设力度,全面实施沿黄滩地生态修复工程,建设沿堤防护林带,以改善水环境、恢复水生态。加强郑州黄河湿地国家级自然保护区等湿地建设,提升对迁徙性物种及当地物种的养护能力,特别是大鸨等濒危物种的特殊保护和管理,严格控制捕猎、破坏生态、污染环境的各种开发活动;建立完善湿地生物多样性保护区,加强湿地保护。

通过河湖水质保护、水污染防治、水生态修复,维护河湖健康生态,恢复河湖、湿地生物的多样性。结合主城区域特点,通过引进有益水体生物、种植适水植物、建设生态护坡等措施,建立系统的、立体的、多层次的"河道—河滩地—堤岸—护坡—缓冲带"生态修复与污染物削减体系,提高水体自净能力和水环境容量,实施郑州市河道岸线和湖泊湿地生态修复工程,将河道景观营造与水生态修复紧密结合,提高水生态系统的稳定性。

6.6　水资源保护措施

6.6.1　饮用水水源地保护

饮用水水源地的保护对象包括地表水水源地和地下水水源地。饮用水水源地保护目标应遵循《全国重要江河湖泊水功能区划(2011—2030)》等关于水源地水功能区目标的要求;饮用水水源地保护规划内容应与国务院批复的《全国城市饮用水水源地安全保障规划》和《郑州市水务发展"十三五"规划》相衔接。

6.6.1.1　地表水水源地保护

1. 地表水饮用水源保护区划分

根据水利部《城市饮用水水源保护区划分技术细则》及《郑州市城市饮用水水源地安全保障规划》,结合区域水源地实际,对郑州市各市、县的较大供水水源地划分了保护区和准保护区。郑州市共划分了 23 个地表水饮用水源保护区、地表水饮用水源准保护区。保护区水质管理目标主要为Ⅱ级,准保护区水质管理目标以Ⅲ级为主,其中保护区的总面积为 37.08 km^2,占全市总面积的 0.50%;准保护区的总面积为 873.60 km^2,占全市总面积的 11.73%。郑州市地表水饮用水源保护区见表 6-11。

表 6-11　郑州市地表水饮用水源保护区一览表

行政区划	饮用水水源地名称	所在水系	水源地类型	保护区		准保护区	
				面积(km^2)	水质管理目标	面积(km^2)	水质管理目标
主城区	邙山提灌站	黄河	河道	2	Ⅱ	4	Ⅲ
	花园口水源厂	黄河	河道	2	Ⅲ	4	Ⅲ
	中铝公司河南分公司	黄河	河道	2	Ⅲ	4	Ⅲ
	尖岗水库	贾鲁河	水库	5.35	Ⅱ	108	Ⅲ
	常庄水库	贾鲁河	水库	1.38	Ⅱ	81.5	Ⅲ
	西流湖	贾鲁河	水库	2	Ⅱ	3	Ⅲ
巩义市	坞罗水库	洛河	水库	1.5	Ⅱ	178	Ⅲ
	后寺河水库	洛河	水库	0.6	Ⅱ	35	Ⅲ
荥阳市	楚楼水库	索须河	水库	1.4	Ⅱ	55	Ⅲ
	丁店水库	索须河	水库	3.13	Ⅱ	95	Ⅲ
新密市	李湾水库	双洎河	河道	2.3	Ⅱ	66	Ⅲ
新郑市	望京楼水库	黄水河	河道	0.5	Ⅱ	14	Ⅲ
	老观寨水库	黄水河	河道	0.85	Ⅱ	32	Ⅲ
	冯庄水库	黄水河	河道	1	Ⅲ	2	Ⅲ
	公主湖	黄水河	河道	1.5	Ⅲ	3	Ⅲ
	黄水河	黄水河	河道	5	Ⅲ	10	Ⅲ
	第二水厂	南水北调	河道	1	Ⅱ	1	Ⅱ

续表 6-11

行政区划	饮用水水源地名称	所在水系	水源地类型	保护区		准保护区	
				面积（km^2）	水质管理目标	面积（km^2）	水质管理目标
登封市	少林水库	颍支少林河	水库	0.7	Ⅱ	41	Ⅲ
	纸坊水库	颍支石宗河	水库	1.38	Ⅱ	55	Ⅲ
	马庄水库	颍支少林河	水库	0.36	Ⅱ	17	Ⅲ
	券门水库	颍支白坪河	水库	0.86	Ⅱ	42	Ⅲ
	西燕村水库	颍支五渡河	水库	0.12	Ⅱ	8.1	Ⅲ
	嵩山流域引水	颍支书院河	河道	0.15	Ⅱ	15	Ⅲ
合计				37.08	—	873.6	—

根据《南水北调中线一期工程总干渠（河南段）两侧水源保护区划方案》，南水北调中线工程对明渠段、非明渠段所占有的一定区域划定了保护区。明渠段地下水位低于渠底时，自渠道管理范围边线向两侧外延50 m设置为一级保护区，自一级保护区边线向两侧外延1 000 m设置为二级保护区；当地下水位高于渠底时，自渠道管理范围边线向两侧外延100 m设置为一级保护区，自渠道管理范围边线向左、右两侧分别外延2 000 m、1 500 m设置为二级保护区。在非明渠段，自建筑物外边线向两侧各外延50 m设置为一级保护区，自一级保护区边线向两侧外延150 m设置为二级保护区。

2. 地表水饮用水水源地保护措施

1）地表水饮用水水源地保护及综合整治工程

在城市地表水饮用水水源保护区边界，建设隔离防护工程，对饮用水水源保护区内的污染源和直接进入保护区的入河排污口进行综合治理，落实排污口封闭、搬迁、分流、面源治理、固体废物清理处置、污染底泥清淤等措施。

2）地表水饮用水源地隔离防护工程

在城市主要饮用水水源保护区设置隔离防护设施，包括物理隔离工程（护栏、围网等）和生物隔离工程（防护林等），防止人类活动对水源保护区的水量、水质造成影响。隔离工程原则上应沿着水源保护区的边界建设，可根据保护区的大小、周边具体情况等因素，合理确定隔离工程的范围和工程类型。

3）地表水饮用水水源保护区污染源综合整治工程

保护区点源污染综合整治工程：禁止在保护区内从事可能污染饮用水水

源的活动,禁止与保护水源无关的建设项目。禁止在饮用水水源保护区内新建畜禽养殖场,对原有养殖业应按有关规定限期搬迁或关闭,暂时不能搬迁的要采取防治措施。

保护区面源污染控制工程:主要指农田径流污染控制工程,通过坑、塘、池等工程措施,减少径流冲刷和土壤流失,并通过生物系统拦截净化面源污染。

保护区内源污染治理工程:对底泥污染严重,并对水质造成不利影响的饮用水水源保护区,实施底泥清淤工程。禁止水产养殖,避免鱼饵及排泄物污染水体水质。

4)湖库型饮用水水源保护区的生态修复与保护工程

对于重要的湖库型饮用水水源保护区,在采取隔离防护及综合整治工程方案的基础上,根据需要和可能,有针对性地在主要入湖库支流、湖库周边及湖库内建设生态防护工程,如生态滚水堰工程、前置库工程、河岸生态防护工程等。

对湖库周边生态破坏较重区域,结合饮用水水源保护区生物隔离工程建设,在湖库周边建立生态屏障,种植水源涵养林,实施水土保持工程,防治水土流失造成泥沙对水库的淤积,减少氮、磷等营养物的流入量。

3. 南水北调中线饮用水水源保护

严格执行《南水北调中线一期工程总干渠(河南段)两侧水源保护区划方案》。在郑州市境内总干渠建设保护区标识、标志和隔离防护工程;强化水质实时动态监测,建立完善日常巡查、工程监管、污染联防、应急处置等制度,制订科学合理的突发水污染事件应急预案,确保输水干渠水质安全。受水区地表水厂要配套建设企业水质检测设施,同步建设进厂、出厂和管网的水量、水质,以及主要运行参数在线监控及传输系统,实现信息及时传送,确保用户用水安全。

6.6.1.2 地下水水源地保护

根据水利部《城市饮用水水源保护区划分技术细则》及《郑州市城市饮用水水源地安全保障规划》,结合区域水源地实际,对郑州市各市、县的较大供水水源地划分了保护区和准保护区。

郑州市共划分了12个地下水饮用水源保护区、地下水饮用水水源准保护区,水质管理目标均为Ⅱ级,其中保护区总面积为28.40 km^2,占全市总面积的0.38%;准保护区总面积为59.10 km^2,占全市总面积的0.79%。郑州市地下水饮用水源保护区见表6-12。

表6-12 郑州市地下水饮用水水源保护区一览表

行政区划	水源地名称	所在水系	水源地类型	保护区		准保护区	
				面积(km^2)	水质管理目标	面积(km^2)	水质管理目标
郑州市	东周水厂	黄淮河	地下水	15	Ⅱ	30	Ⅱ
	石佛水厂	黄淮河	地下水	5	Ⅱ	15	Ⅱ
巩义市	自来水公司	洛河	地下水	1.2	Ⅱ	1.1	Ⅱ
	单位自备井	洛河	地下水	—	Ⅱ	—	Ⅱ
	万泉工程	黄河	地下水	1	Ⅱ	1.5	Ⅱ
荥阳市	自来水和自备井	索河	地下水	1	Ⅱ	5	Ⅱ
新密市	五里店水厂	双洎河	地下水	2	Ⅱ	2	Ⅱ
	西关水厂	双洎河	地下水		Ⅱ		Ⅱ
	老城区水厂	双洎河	地下水		Ⅱ		Ⅱ
新郑市	第一水厂	黄水河	地下水	1	Ⅱ	1	Ⅱ
	自备井	淮河	地下水	—	Ⅱ	—	Ⅱ
中牟县	自来水公司二水厂	淮河	地下水	2.2	Ⅱ	3.5	Ⅱ
合计				28.4	—	59.1	—

1. 一级保护区设置及保护措施

一级保护区:位于开采井周围,保护带宽度以开采井为中心,半径为100 m范围内的区域是水源地最重要的保护区。保护措施的相关规定如下所述:

(1)禁止建设与取水设施无关的建筑物;

(2)禁止从事饲养、放养畜禽,建立墓地等活动;

(3)禁止倾倒或堆放工业废渣、城市垃圾、粪便和其他有毒有害废弃物;

(4)禁止输送污水的管道、渠道及输油管线通过本区;

(5)禁止建设油库及加油站。

2. 二级保护区设置及保护措施

二级保护区:位于一级保护区以外,以开采井为中心,半径为1 000 m范围内的区域。保护措施的相关规定如下所述:

(1)禁止建设化工、电镀、皮革、造纸、制浆、冶炼、放射性、印染、染料、炼焦、炼油及其他有严重污染的企业,已建成的要限期治理,较严重的要搬迁;

(2)禁止设置城市垃圾、粪便,以及易溶、有毒有害废弃物的堆放场和转运站,已有上述场站的要限期搬迁;

(3)禁止利用未经净化的污水灌溉农田,不得对农作物施用持久性或剧毒性农药,不准用污水渗坑和铺设污水渠道;

(4)在保护区内,不得从事破坏深层土层的活动,其他单位凿井不得妨碍水源取水,更不得在同一水层(层深100~300 m)取水,以防污染。

3. 准保护区设置及保护措施

在二级保护区外一定范围内设置准保护区。保护措施的相关规定如下所述:

(1)禁止建设城市垃圾、粪便,以及易溶、有毒有害废弃物的堆放站;

(2)禁止本区内补给源的地表水体污染,该地表水体水质不应低于《地表水环境质量标准》(GB 3838—2002)Ⅲ类标准;

(3)不得使用不符合《农田灌溉水质标准》(GB 5084—2005)的污水进行灌溉,必须合理使用化肥,施用高效低毒农药;

(4)保护水源涵养林,禁止毁林开荒,禁止非更新砍伐水源涵养林。

6.6.2 地下水资源保护

6.6.2.1 地下水功能区划

地下水功能区划分以完整的水文地质单元的界线为基础,再以区级行政区的边界进行切割,作为地下水功能区基本单元。地下水一级功能区划分为开发区、保护区、保留区3类,主要协调经济社会发展用水和生态与环境保护的关系,体现国家对地下水资源合理开发、利用和保护的总体部署。

地下水二级功能区划分以区级行政管理为主,主要协调区与区之间、用水部门之间和不同地下水功能之间的关系。根据地下水的主导功能,结合郑州市地下水管理的实际情况,划分为7类地下水二级功能区。其中,开发区划分为集中式供水水源区和分散式开发利用区,保护区划分为生态脆弱区、地质灾害易发区和地下水水源涵养区,保留区划分为应急水源区和调减控制区。地下水一级功能区、二级功能区分类体系见表6-13。

根据地下水一级功能区、二级功能区区划指标,将地下水各功能区开发利用方向确定为禁止开采、限制开采和适宜开采。郑州市地下水水功能区划分及开发利用方向见表6-14。

表6-13　地下水一级功能区、二级功能区分类体系

地下水一级功能区	地下水二级功能区
开发区	集中式供水水源区
	分散式开发利用区
保护区	生态脆弱区
	地质灾害易发区
	地下水水源涵养区
保留区	应急水源区
	调减控制区

表6-14　郑州市地下水水功能区划分及开发利用方向

地下水一级功能区	地下水二级功能区	地下水功能区名称	地下水开发利用方向
开发区	集中式供水水源区	沿黄“九五滩”集中供水水源区	适宜开采
		沿黄北郊集中供水水源区	适宜开采
	分散式开发利用区	东南部黄河冲积平原分散开发区	适宜开采
		西部西南部沙颍河岗区分开开发区	适宜开采
保护区	生态脆弱区	黄河湿地郑州自然保护区	限制开采,强化生态功能
	地质灾害易发区	西南岩溶山丘地质灾害易发区	限制开采,强化保护
	地下水水源涵养区	南水北调总干渠沿线地下水水源涵养区	限制开采,强化生态功能
		生态水系地下水水源涵养区	限制开采,强化生态功能
保留区	应急水源区	中心城区应急水源区	禁止开采
	调减控制区	桥南新区调减控制区	限制开采
		郑东新区调减控制区	限制开采
		经济技术开发区调减控制区	限制开采
		高新技术开发区调减控制区	限制开采
		郑州航空港调减控制区	限制开采

6.6.2.2　地下水资源保护措施

1. 地下水超采区保护

根据《关于公布全省地下水禁采区和限采区范围的通知》(豫政〔2015〕1号),郑州市划定了地下水禁采区和限采区。郑州市禁采区:东界至中州大道—东风东路—东风南路—经开区第八大街,南界至南三环,西界至西三环嵩山南路立交桥—西三环—化工路—西四环—莲花街—科学大道—北三环—江山路—三全路,北界至三全路,面积为 200 km²;郑州市限采区:外边界为薛店镇花庄—龙湖镇小洪沟—马寨村—二砂村—沟赵—毛庄—森林公园—祭城—二郎庙—孟庄镇后宋村,内边界为禁采区边界,面积为 562 km²。郑州市禁采区和限采区范围见图 6-7。

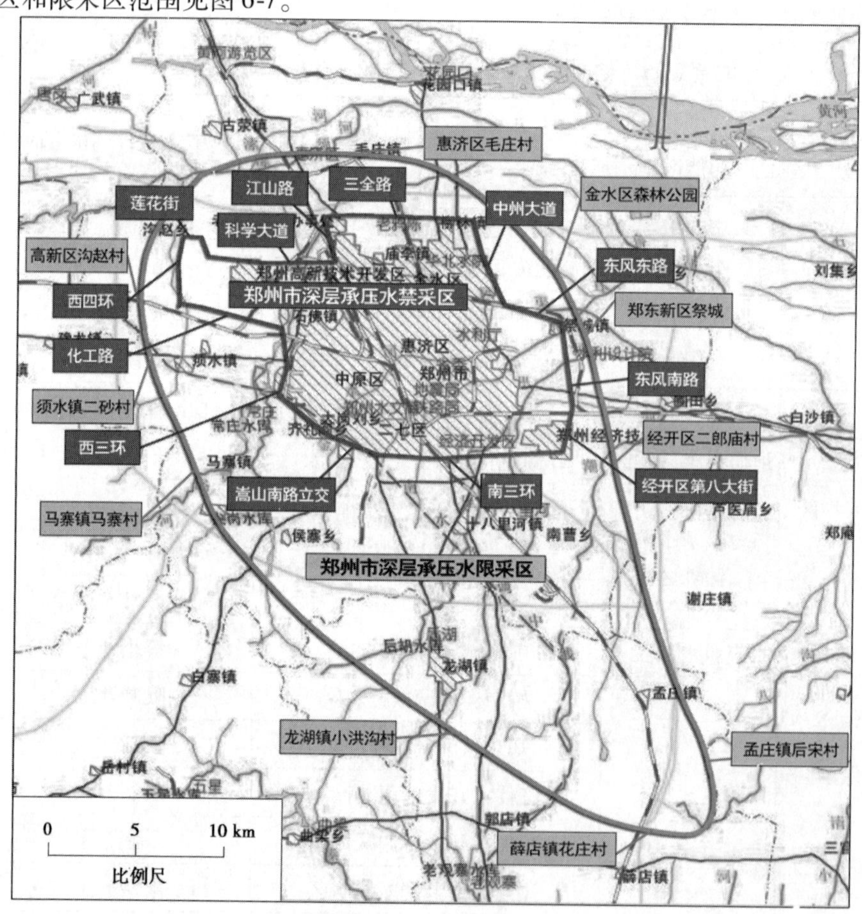

图 6-7　郑州市禁采区和限采区范围

1)城市建成区超采区的地下水保护

城市建成区超采区主要是由于自备井的不合理开采造成的,必须认真贯彻取水许可证制度,依法规范市区机井的建设管理,排查登记已建机井,依法严厉打击非法取用地下水的行为,对未经批准的自备水井一律予以关闭,对公共供水管网覆盖范围内的自备水井(特殊用水除外),限期制订封井方案。

2)大型工业水源地超采区的地下水保护

加大工业节水力度,调整工业结构,降低工业用水定额,提高用水效率。对已经批准建成的大型工业用水地下水水源地,应积极开展节水和寻找替代水源的工作。

3)农业井灌超采区的地下水保护

合理规划纯井灌或井渠混合灌区的井灌面积,防止出现地下水超采。对于已经出现超采现象的农业灌区,应调整井灌面积、推行节水灌溉、引用替代水源等措施。

4)地质灾害易发区地下水保护

在地面沉降、地裂缝、岩溶塌陷等地质灾害易发区,开发、利用地下水要进行地质灾害危险性评估。严格控制开采深层承压水,地热水、矿泉水开发要严格实施取水许可和采矿许可。郑州市与地下水有关的地质灾害主要有地下水位下降、地面沉降、塌陷与地裂缝等。

20世纪50年代,郑州市火车站以南区域为中深层地下水自流区,水头最高处高达地面15 m。由于开采不断增加、水位急剧下降,地下水逐渐形成漏斗区,1997年中心最大埋深达83 m。地下水超采是诱发郑州市一系列地质灾害问题的主要因素。因此,最有效的遏制措施就是禁采或限采地下水,加强对地下水资源的监督管理,主要措施包括以下几个方面:

(1)加大对地下水资源的执法力度,禁采或限采地下水;

(2)地下水人工回灌与含水层修复;

(3)加强水资源管理,建设节水型社会。

2.地下水污染区保护

郑州市地下水主要超标因子为矿化度、总硬度、铁、锰、硫酸盐、硝酸盐、氨氮、氟化物等。山丘区浅层地下水水质类别大部分为Ⅲ类水,仅在登封市、巩义市及新密市境内局部出现Ⅳ类、Ⅴ类劣质区。平原区东北部郑州城区至中牟县境内及东南部新郑市境内浅层地下水水质普遍较差,水质类别大部分为Ⅳ类水,局部为劣Ⅴ类水。Ⅴ类地下水多呈点状、面状出现在Ⅳ类水质分布区,二者在部分地区呈重叠分布特征。在平原区中,深层承压水水质类别大部分为Ⅱ类水,仅在登封市、巩义市及新密市境内呈点状出现Ⅳ类地下水,水质总体良好。

郑州市地下水污染的主要原因:一是受地表水污染的影响,由于地表水和浅层地下水的水力联系密切,当地表水受到污染时极易导致地下水污染;二是地表的生活垃圾、固体废弃物处置不当,在降水和地表水作用下进入地下污染含水层;三是农药化肥施用不合理造成地下水水质污染。

针对这些原因,加强郑州市地下水污染控制和管理应做到:一是加强地下水饮用水源地保护,重视农村人口饮用水问题;二是推广清洁生产技术,减少污染物的排放量;三是完善污水截流及排水系统,加快城市污水处理厂的建设;四是加强固体废弃物的收集、处置、利用和处理;五是合理使用农药、化肥,减少农业面源污染;六是开展全市地下水水质水量同步监测工作及地下水环境脆弱性评价,为决策、管理、规划、设计人员提供依据;七是加强地下水保护监管和执法力度,贯彻实施地下水保护的相关法律法规。

3. 地下水保护工程措施

地下水保护工程措施主要是对超采区实施的节水项目,如郑州市井灌区节水改造工程、郑州市郑东新区中水回用工程、郑州市新郑城市污水处理回用设施与管网建设工程等,同时每年采用公共管网供水水源进行地下水回灌,实施龙子湖高校园区、金星啤酒厂、第27研究所等漏斗区地下水回灌工程,年回补地下水1 000万m^3。

4. 地下水保护管理措施

地下水作为郑州市主要的供水水源,是社会经济可持续发展重要的基础保障,加强对地下水资源管理和具体保护措施的落实,具有十分重要的现实意义。具体管理措施主要有以下几个方面:

(1)加强宣传,努力创造保护地下水资源的良好社会氛围。

(2)强化法制建设,严格规范各项用水行为。

(3)运用经济杠杆作用,大力开展节约用水。

(4)建立高效有序的水资源管理机制,完善地下水动态监测体系。

6.7 水资源保护监测

加大对监测机构、队伍、设备和技术方面的投入力度,提高统一、科学、高效的区域监测、预报和应急管理能力。近期可采取有关部门监测数据的会商机制和信息共享制度,逐步向监测工作和数据提供社会化方向的发展。在加强属地责任的基础上,加快完善区域水功能区监测体系,加强水功能区水质、水量监测,为水资源和水环境的保护管理提供科学依据。尽快建立区域水污染事故预警和应急处理体系,建立区域突发水污染事故应急监测系统,对突发水污染事故实行追踪监测,建立水污染事故处理会商机制及相应的信息管理系统和决策支持系统,提高对突发水污染事故的处理能力。

6.7.1 水资源保护监测系统和能力建设

6.7.1.1 地表水水质监测体系建设

地表水水质监测是为水质规划及水功能区管理服务的,其主要目的在于检验地表水水质保护工作的进展情况。根据保护措施实施需要设置水质监测站点,加强地表水水质监测,加强污染事故应急处理系统及信息能力的建设。除地表水水质监测外,还应定期安排水功能区对应的排污口污染物质调查和监测。

监测站点布设要求,监测时间、频次与项目等,按照《全国水资源综合规划地表水资源保护补充技术细则》、《水环境监测规范》(SL 219—2013)、《地表水环境质量标准》(GB 3838—2002)等技术文件执行,并与现状监测系统相结合。

6.7.1.2 地下水动态监测网络建设

对现有地下水监测网的监测密度和监测频率进行优化,建立科学、有效的地下水动态监测网,以便为政府部门提供科学可靠的地下水信息。地下水动态监测主要包括水位、水量、水质及水温,尤其要对水源地的地下水动态进行监测。监测站点布设要求,监测时间、频次与项目等,按照《地下水监测工程技术规范》(GB/T 51040—2014)、《水环境监测规范》(SL 219—2013)、《地下水质量标准》(GB/T 14848—2017)等技术文件执行。

地下水水质监测系统主要建设内容包括地下水自动化动态监测设备、现场数据采集系统与传输设备、水质全分析费用等。

6.7.2 水资源保护信息管理及决策支持系统

6.7.2.1 郑州市水环境监测中心建设

目前,水资源问题不仅是数量上的问题,很大程度上还存在质量上的问题,从而严重制约了社会经济的发展,根据可持续发展的理论和观念,必须对水环境进行必要的监测和评价。水质监测是获取水体质量信息的过程,它包括布点、采样、测试、数据处理、评价等多个环节。在监测中,不论是哪一个环节出现疏忽，都会影响监测结果的准确性。另外，经常进行的环境调查工作，也需要由许多实验室同时参加、同步测定来完成，如果各个实验室之间存在系统误差，没有可比性，监测工作将失去意义。因此，建立一个科学的监测质量保证系统是保证监测质量的一种必不可少的措施。

水环境监测是准确、及时、全面地反映水体环境质量的现状及发展趋势，为环境管理、环境规划、环境评价及水污染控制与治理等提供科学依据。监测内容包括：省、市、区界地表水体监测断面的水质量监测，主要河流水功能区断面监测，地下水质量检测，入河排污口质量监测，城市饮用水源安全监控及水生态环境监测等相关项目。水环境监测中心将为政府和相关部门提供决策依据，实现水资源可持续发展战略、促进经济建设、保护水环境质量。

6.7.2.2　郑州市地表水水量监测

郑州市地跨黄河、淮河两大流域，全市有大小河流 124 条，流域面积较大河流有 28 条。目前，郑州地区共设有 5 处水文站，站网密度为 1 489 km^2/个。从站网密度看，各种站点过于稀少，控制能力差，远远不能满足为当地政府的防汛抗旱、地区水资源量及区域水量平衡分析等方面的需求。郑州市地表水水量监测项目的目标和主要内容是在全市各主要河流上建立水文站监测断面，配备先进的水文监测仪器，实行水情、水量自动化监测。预期成果为：全市 28 条主要河流、水库全部得到控制，控制能力达到 100%。建设后可系统收集流域内的雨情、水情信息和预测预报信息，全面提高水量监测能力，更好地为水资源管理提供服务。

6.7.2.3　水务信息化系统建设

水务信息化是水利现代化的基础和重要标志，需要建设三个方面内容：基础设施、业务应用体系、信息化保障环境。

基础设施：这是业务应用系统的硬件支撑平台，由信息采集传输设施、水务信息网络、水务数据中心、水务调度管理中心等四个部分组成。

业务应用体系：包括水务信息实时监控、防汛抗旱指挥决策支持、水资源管理信息、水环境管理信息、水土保持管理信息、水利工程建设管理信息、灌区管理信息、水资源调度决策支持、电子政务和办公自动化、公共信息服务等。

信息化保障环境：是水务信息化建设得以顺利进行的基本支撑，由水务信息化标准体系与安全体系、建设及运行管理制度、政策法规的制定与实施、资金保障、人才队伍培养等构成。

第 7 章　水资源供需分析及配置

7.1　需水量预测

需水预测以《郑州市水资源综合规划》《郑州市节水行动实施方案（2019—2035 年）》《郑州市南水北调水资源利用规划》等相关规划为基础，以郑州国家中心城市“东强”“南动”“西美”“北静”“中优”“外联”的城市功能新布局为引领，以未来郑州市经济社会发展布局与目标的水支撑，以及人民对美好生活的向往对水的需求为导向，考虑各行政区城市建成区供水管网全覆盖、重点乡镇城乡一体化供水管网互连互通的工程条件，进行 2025 年、2035 年水资源需求分析。

7.1.1　经济社会发展布局与目标

7.1.1.1　发展规划梳理

近年来，郑州市先后编制了《郑州都市区总体规划（2012—2030）》《郑州建设国家中心城市行动纲要（2017—2035 年）》《郑州大都市区空间规划（2018—2035 年）》等，这些规划在不同时期对未来郑州市经济社会发展布局与目标进行了预判。

1.《郑州都市区总体规划（2012—2030）》

根据《郑州都市区总体规划（2012—2030）》，未来郑州市将构建面向国内服务区域的中心功能，打造国家先进制造业基地，不断扩大区域影响力，带动区域融入全球化发展；加强“四港”（航空、铁路、公路、通信）联动发展，建设国际化、现代化和立体化国家综合交通枢纽，搭建立足中原、连接世界的开放发展新平台，推动产城互动与产城融合发展，建设国际化航空大都市；充分发挥华夏文明的发源地、国际交流活动的集聚地和国家历史文化名城的优势，弘扬历史文化，传承华夏文明，保护历史文化风貌，形成传统文化与现代文明交相辉映、具有高度包容性、多元化的世界文化名城；整合都市区的空间资源，加快“三化”协调发展，转变增长方式，培育新的增长点，产生几何级、倍增式的增长效应，打造中原经济区发展的重要引擎，成为引领中原经济区发展的核心增长区。根据规划,2030 年都市区人口规模约 1 300 万人。

2.《郑州建设国家中心城市行动纲要(2017—2035 年)》

根据《郑州建设国家中心城市行动纲要(2017—2035 年)》,郑州市功能定位为国际综合枢纽、国际物流中心、国家重要的经济增长中心、国家极具活力的创新创业中心、国家内陆地区对外开放门户、华夏历史文明传承创新中心。近期(2017 ~2020 年),全面建成小康社会,生态环境有效改善,生态建设各项约束性指标全面完成,资源节约型、环境友好型社会建设取得明显成效,生态环境质量明显好转。中期(2021 ~2035 年),郑州国家中心城市的地位更加突出,治理体系和治理能力现代化基本实现,生态环境好转。远期(2036 ~2050 年),全面提升物质文明水平、政治文明水平、精神文明水平、社会文明水平、生态文明水平,实现治理体系和治理能力现代化,建成富强、民主、文明、和谐、美丽的社会主义现代化强市,成为具有全球影响力的城市。国家中心城市分阶段建设核心指标体系见表 7-1。

3.《郑州大都市区空间规划(2018—2035 年)》

《郑州大都市区空间规划(2018—2035 年)》提出构建"一核、四轴、三带、多点"的大都市空间格局。一核即郑汴港核心引擎区,是郑州大都市区发展的核心增长极;四轴即完善主要交通干线和综合交通运输网络,提升南北向沿京广、东西向沿陇海等区域发展主轴辐射带动能力,建设郑焦、开港登功能联系廊道,打造特色鲜明、布局合理的现代产业城镇密集带;三带即构成郑州大都市区外围绿环;多点即次级中心城市、新兴增长中心、重点镇和特色小镇等构成的郑州大都市区多层次发展空间。未来,随着郑州辐射带动能力和郑州大都市区一体化水平的不断提升,在现阶段空间范围的基础上,会逐步将开封市、新乡市、焦作市、许昌市所辖县(市),以及汝州市、兰考县等省直管县(市)纳入郑州大都市区范围,加快形成网络化、组团式、集约型的空间发展格局,引领带动中原城市群向具有国际影响力的国家级城市群迈进。

该规划提出了 2020 年、2025 年和 2035 年郑州大都市区发展目标。到 2020 年,区域集聚人口达到 2 000 万人,常住人口城镇化率达到 70%,人均 GDP 超过 9 万元,综合实力显著提升。到 2025 年,初步建成具有一定国际影响力的现代化大都市区。展望 2035 年,郑州大都市区常住总人口达到 2 300 万 ~2 800 万。

4.郑州市委第十一届十次全体(扩大)会议提出的城市功能布局

郑州市委第十一届十次全体(扩大)会议针对郑州城市功能的布局提出了最新发展思路:"东强""南动""西美""北静""中优""外联",为郑州城市发展和建设明晰了方向。

表7-1 国家中心城市分阶段建设核心指标体系

序号	指标名称	2020年目标	2035年目标
1	地区生产总值(亿元)	1.25万	3.0万以上
2	服务业增加值占地区生产总值比重(%)	55	65
3	先进制造业产值占工业总产值比重(%)	55	65
4	利用外资实际到位额(亿美元)	48.9	200
5	世界500强企业落户数(家)	80	200
6	研究与试验发展经费投入强度(%)	2.5	4
7	科技进步贡献率(%)	67	75
8	吸引风投机构数量和管理资金占全国比重(%)	1	2.5
9	每万人有效发明专利拥有量(件)	12.1	25
10	国际定期直飞航线(条)	80	140
11	航空货邮吞吐量(万t)	100	400
12	中原城市群城轨/高铁联动率	21/29	29/29
13	郑欧班列铁路集装箱吞吐量(万标箱)	3.5	15
14	机场年旅客吞吐量(万人次)	3 000	8 000
15	城市宽带接入能力(MB)	1 000	10 000
16	全市常住人口数(万人)	1 100	1 350
17	城镇化率(%)	75	85
18	15 min生活圈覆盖率(%)	80	100
19	全市轨道交通通车里程(km)	300	716
20	单位GDP能耗(t标准煤/万元)	0.3	0.1

东强:以郑东新区为依托,统筹经开区、中牟县部分区域,统筹国家自贸区、跨境电商综合试验区、国家大数据综合试验区、金融集聚核心功能区等战略平台建设,把这一区域打造成全省对外开放窗口、产城融合发展示范区,以及全国重要的先进制造业、现代服务业基地。郑东新区要从“以城带产”向“以产促城”转变,把发展高科技产业、聚集高科技人才作为战略方向,发挥好在全市的引领带动作用,使东部强起来。

南动:南部"动"起来,依托航空港实验区,围绕"枢纽 + 口岸 + 物流 + 制造",完善以航空枢纽为带动的多联运体系,做大做强以智慧终端为代表的电子信息先进制造业集群,打造国际航空枢纽经济引领区、内陆地区对外开放高地。

西美:西部"美"起来,以郑州国家高新技术开发区为依托,统筹荥阳市、上街区,拓展覆盖西部市、县,将其建设成为城市的生态屏障、全省创新创业最活跃区域,让美丽人居、美丽生态、美丽经济成为西部的鲜明特征。

北静:北部"静"下来,依托黄河生态文化带建设,突出"自然风光 + 黄河文化 + 慢生活",把水、滩、林、文化、产业等作为一个有机体系进行研究谋划,打造郑州的"后花园",让这片区域成为最具有北方城市气派和文化代表性的区域。

中优:中部"优"起来,通过道路有机更新带动城市有机更新,实现形态更新、业务更新、功能更新,强化现代商贸、文化创意、金融商务、国际交往等功能,不断提高产业层次 激发老城区活力,彰显中原文化魅力,让郑州这座城市既有历史底蕴,又富有现代气息。

外联:周边要"联"起来,加快郑州与开封、新乡、焦作、许昌等城市的深度融合,推进交通一体、产业协同、生态共建、资源共享,拓展发展空间,强化优势互补,实现协调发展。

5. 习近平总书记在黄河流域生态保护和高质量发展座谈会上的重要讲话

2019 年 9 月 18 日,黄河流域生态保护和高质量发展座谈会召开,习近平总书记在座谈会上做了重要讲话,高度评价了中华人民共和国成立以来,特别是党的十八大以来黄河保护治理取得的巨大成就,深入剖析了黄河流域存在的突出问题,明确提出了黄河流域生态保护和高质量发展的目标任务,并将黄河流域生态保护和高质量发展上升为重大国家战略。

习近平总书记强调:要推进水资源节约、集约利用。要坚持以水定城、以水定地、以水定人、以水定产,把水资源作为最大的刚性约束,合理规划人口、城市和产业发展,坚决抑制不合理的用水需求,大力发展节水产业和技术,大力推进农业节水,实施全社会节水行动,推动用水方式由粗放向节约、集约转变。沿黄河各地区要从实际出发,宜水则水、宜山则山,宜粮则粮、宜农则农,宜工则工、宜商则商,积极探索富有地域特色的高质量发展新路子。区域中心城市等经济发展条件好的地区要集约发展,提高经济和人口的承载能力。

7.1.1.2　发展目标

根据规划梳理分析,郑州市未来以转变城市发展模式、提升中心城区功能、优化市域空间格局、强化空间分区管制、推动区域协同发展为发展构建。2035 年的发展目标:郑州国家中心城市的地位更加突出,跻身国家创新型城市前列，建成国际综合枢纽、国际物流中心、国家重要的经济增长中心、国家极具活力的创新创业中心、国家内陆地区对外开放门户、华夏历史文明传承创新中心，充分彰显中原出彩的辐射带动和全国大局的服务支撑作用。治理体系和治理能力现代化基本实现，生态环境根本好转，人民生活更为宽裕。在今后的发展历程中，郑州市要深入贯彻习近平总书记重要讲话精神，把水资源作为最大的刚性约束，合理规划人口、城市和产业发展，实施全社会节水行动，推动用水方式由粗放向节约、集约转变。郑州市城市综合经济实力较强，具备“宜工则工、宜商则商”的天然优势，作为区域中心城市，要集约发展，提高经济和人口的承载能力。

1.人口与城镇化水平

人口与城镇化水平预测是根据一个地区人口现状及发展规律，结合社会经济的发展趋势及国家有关人口政策等多种因素，对未来人口发展状况进行展望。随着国家中心城市建设和沿黄城市高质量发展，郑州市的城市地位在全省乃至全国不断提升，对外来人口具有很强的吸引力。河南省作为一个人口大省，为省会郑州市的城市发展提供了充足的人口基础，据有关资料统计，“十二五”期间外省流入河南人口的37%和省内流动人口的60%均流入郑州，人口净流入量大。未来在一定时期内郑州市仍将迅速发展，人口也将保持一定的增长速度。本次预测郑州市不同水平年人口预测成果见表7-2。

表7-2 郑州市不同水平年人口预测成果 （单位：万人）

行政区划	2025年				2035年			
	常住人口	城镇人口	农村人口	城镇化率	常住人口	城镇人口	农村人口	城镇化率
主城区	563	543	20	96%	585	585	0	100%
航空城	165	150	15	91%	190	190	0	100%
中牟县	145	123	22	85%	187	178	9	95%
上街区	31	31	0	100%	38	38	0	100%
荥阳市	95	77	18	81%	99	89	9	90%
新郑市	108	88	20	81%	126	113	13	90%
登封市	80	55	25	69%	85	72	13	85%
新密市	90	63	27	70%	96	81	15	84%
巩义市	92	74	18	80%	95	82	13	86%
合计	1 369	1 204	165	88%	1 500	1 428	72	95%

2. 经济指标

经济社会指标预测以《郑州建设国家中心城市行动纲要(2017—2035年)》、《郑州都市区总体规划(2012—2030)》、各县(区)的国民经济“十三五”规划、城市总体规划、历史发展趋势及城市功能定位为依据,综合考虑外部发展环境、发展潜力,产业结构方面考虑城市远期发展指引。从郑州市经济社会发展历史看,2005～2017年是郑州市国民经济快速发展的十几年,随着高速公路、郑东新区、郑汴一体化、富士康、航空港、保税区、米字型高铁、郑州地铁等一批大项目、大规划的落地实施,河南省社会经济发生了历史性的巨变,2005～2017年年均国内生产总值增速为15.3%。未来郑州市以建设国家中心城市为目标,聚焦实施粮食生产核心区、中原经济区、郑州航空港经济综合实验区三大战略规划;通过建设无水港,发展铁海联运、公铁联运,推动陆海相通,实现向东与海上丝绸之路连接;通过提升郑欧班列运营水平,形成向西与丝绸之路经济带融合;强化郑州航空港国际物流中心作用,以航空网络贯通全球,培育壮大中原城市群,建设连接东西、沟通南北的运输通道和中心枢纽,构建“一带一路”战略支撑点。郑州市工业、建筑和三产分区经济指标的预测成果,如表7-3所示。

表7-3　工业、建筑和三产分区经济指标的预测成果　(单位:亿元)

行政区划	2025年			2035年		
	工业	建筑	三产	工业	建筑	三产
主城区	661	676	5 052	886	1 148	9 142
航空城	1 124	143	574	1 649	281	2 029
中牟县	849	57	369	1 195	98	667
上街区	114	35	93	160	50	285
荥阳市	1 243	71	452	1 750	101	654
新郑市	829	54	543	1 167	112	882
登封市	683	27	280	962	36	537
新密市	654	30	282	921	57	544
巩义市	1 086	39	346	1 528	64	739
合计	7 243	1 132	7 991	10 218	1 947	15 479

3. 绿地建设与环境卫生

城市生态环境是城市居民赖以生存的基本条件，是城市居民得以持续发展的物质基础，是社会文明的象征。郑州市以创建生态园林城市为目标，加强城市生态廊道、绿色通道及防护林带建设，完善多层次绿化网络，大幅提高城区公园绿地的数量和质量；完善城市绿地的功能布局，健全城乡接合部的生态绿地系统，全面提升城市人居环境质量。本次仅考虑城市绿地与环境卫生面积，不考虑生态水系建设相关指标。结合相关部门所提供的相关资料，预测 2025 年郑州市绿地面积将达到 444.47 km^2，其中公园绿地面积为 189.57 km^2，环境卫生面积达到 176.19 km^2；2035 年绿地面积将达到 538.77 km^2，其中公园绿地面积为 214.52 km^2，环境卫生面积达到 202.40 km^2。郑州市绿地与环境卫生面积预测成果见表 7-4。

表 7-4　郑州市绿地与环境卫生面积预测成果　（单位：km^2）

行政区划	2025 年			2035 年		
	绿地面积	公园绿地面积	环境卫生面积	绿地面积	公园绿地面积	环境卫生面积
主城区	213.96	85.24	85.23	252.15	94.77	93.60
航空城	76.89	30.20	25.27	94.30	32.03	30.40
中牟县	31.89	18.51	17.85	47.25	24.35	23.42
上街区	11.38	3.85	3.71	16.52	4.95	4.75
荥阳市	10.94	3.69	3.56	15.88	4.75	4.57
新郑市	52.64	20.40	19.36	60.12	23.32	22.14
登封市	11.91	8.45	7.54	13.30	9.35	8.50
新密市	17.42	9.54	8.51	21.00	10.53	9.57
巩义市	17.44	9.69	5.16	18.25	10.47	5.45
合计	444.47	189.57	176.19	538.77	214.52	202.40

7.1.2　需水预测

需水预测包含生活、工业、农业、生态环境四个用水户的需水。其中，生活指综合生活，需水预测包含居民生活和建筑、三产需水，即居民家庭需水和公共服务需水；工业需水预测包含城市公共管网覆盖范围内的小工业需水、有专用水源的大工业用水；生态环境需水预测包括绿化、环卫需水和生态水系需水。

7.1.2.1 **综合生活需水预测**

综合生活需水预测包含居民生活和建筑、三产需水，即居民家庭需水和公共服务需水。综合生活需水可采用城镇人口、农村人口，以及建筑、三产等指标按其对应定额进行预测。

综合生活需水量预测相关指标情况如表7-5所示。

表7-5 综合生活需水量预测相关指标情况

行政区划	2025年					2035年				
	常住人口（万人）	城镇人口（万人）	农村人口（万人）	建筑（亿元）	三产（亿元）	常住人口（万人）	城镇人口（万人）	农村人口（万人）	建筑（亿元）	三产（亿元）
主城区	563	543	20	676	5 052	585	585	0	1 148	9 142
航空城	165	150	15	143	574	190	190	0	281	2 029
中牟县	145	123	22	57	369	187	178	9	98	667
上街区	31	31	0	35	93	38	38	0	50	285
荥阳市	95	77	18	71	452	99	89	9	101	654
新郑市	108	88	20	54	543	126	113	13	112	882
登封市	80	55	25	27	280	85	72	13	36	537
新密市	90	63	27	30	282	96	81	15	57	544
巩义市	92	74	18	39	346	95	82	13	64	739
合计	1 369	1 204	165	1 132	7 991	1 500	1 428	72	1 947	15 479

规划水平年各区域生活、建筑及三产需水定额的预测结合其现状用水水平及已批复的《郑州市水资源综合规划》《郑州市节水行动实施方案（2019—2035年）》，考虑强化节水水平确定，需水定额预测成果如表7-6所示，需水量预测成果见表7-7。

表7-6　需水定额预测成果

行政区划	2025年				2035年			
	城镇居民生活[L/(人·d)]	农村生活[L/(人·d)]	建筑(m^3/万元)	三产(m^3/万元)	城镇居民生活[L/(人·d)]	农村生活[L/(人·d)]	建筑(m^3/万元)	三产(m^3/万元)
主城区	145	107	4.2	3.3	143	—	3.2	2.6
航空城	140	80	4.2	3.3	143	—	3.2	2.6
中牟县	137	80	4.2	3.4	141	95	3.2	2.6
上街区	136	—	4.2	3.4	143	—	3.2	2.6
荥阳市	136	90	4.2	3.4	141	95	3.2	2.6
新郑市	125	80	4.2	3.3	135	95	3.2	2.5
登封市	110	75	4.2	3.0	115	90	3.2	2.0
新密市	100	75	4.2	2.1	115	90	3.2	2.0
巩义市	115	80	4.2	3.0	130	95	3.2	2.5

表7-7　需水量预测成果　（单位：万 m^3）

行政区划	水平年	城镇生活需水量	农村生活需水量	建筑业需水量	三产需水量	综合生活需水量
主城区	2025年	28 739	782	2 840	16 672	49 033
	2035年	30 534	0	3 673	23 769	57 976
航空城	2025年	7 665	438	600	1 894	10 597
	2035年	9 917	0	900	5 275	16 092
中牟县	2025年	6 151	643	240	1 255	8 289
	2035年	9 160	312	314	1 734	11 520
上街区	2025年	1 539	0	147	317	2 003
	2035年	1 983	0	160	741	2 884
荥阳市	2025年	3 823	592	298	1 537	6 250
	2035年	4 580	312	324	1 700	6 916

续表 7-7

行政区划	水平年	城镇生活需水量	农村生活需水量	建筑业需水量	三产需水量	综合生活需水量
新郑市	2025 年	4015	584	227	1 792	6 618
	2035 年	5 527	450	320	2 285	8 582
登封市	2025 年	2 208	685	114	840	3 847
	2035 年	3 022	427	115	1 074	4 638
新密市	2025 年	2 299	739	126	571	3 735
	2035 年	3 400	492	182	1 088	5 162
巩义市	2025 年	3 107	526	164	1 037	4 834
	2035 年	3 891	451	205	1 847	6 394

7.1.2.2 工业需水预测

1. 主城区

近年来,主城区工业用水呈下降趋势。目前郑州老城区工业用水基本达到国内先进水平,节水潜力较小,工业需水量不再增加。规划期内主城区的工业产业以集聚形态分布,结合市区工业产业布局及郑州市未来打造国家先进制造业基地的愿景,工业需水量的增长主要产生在高新区、二七区、经开区(含九龙组团),大部分工业会随着产业结构的调整迁至周边县区等。经预测,主城区 2025 年工业增加值为 661 亿元,2035 年工业增加值为 886 亿元;结合郑州市“十三五”“三条红线”控制指标及华北先进节水地区指标,主城区 2025 年工业增加值用水定额为 8 m^3/万元,2035 年工业增加值用水定额为 7 m^3/万元,则主城区 2025 年工业需水量为 5 287 万 m^3,2035 年工业需水量为6 202 万 m^3。

2. 其他县市区

其他县市区工业需水量的计算方法与主城区一致,工业需水定额及需水量预测结果见表 7-8。

表 7-8　工业需水定额及需水量预测成果

行政区划	2025 年			2035 年		
	工业增加值预测指标（亿元）	需水定额（m^3/万元）	需水量（万 m^3）	工业增加值预测指标（亿元）	需水定额（m^3/万元）	需水量（万 m^3）
主城区	661	8	5 287	886	7	6 202
航空城	1 124	10	11 243	1 649	8	13 189
中牟县	849	12	10 190	1 195	10	11 954
上街区	114	12	1 366	160	10	1 603
荥阳市	1 243	12	14 916	1 750	10	17 498
新郑市	829	12	9 951	1 167	10	11 673
登封市	683	12	8 197	962	10	9 615
新密市	654	12	7 847	921	10	9 205
巩义市	1 086	12	13 029	1 528	10	15 284
合计	7 243	—	82 026	10 218	—	96 223

7.1.2.3　农业需水预测

本次结合各县(区)有效灌溉面积、林果面积、鱼塘面积、牲畜养殖情况及相应需水定额,对农业需水量进行合理确定。经预测,郑州市 2025 年农业需水量为 33 684 万 m^3,2035 年农业需水量为 29 347 万 m^3。

7.1.2.4　生态环境需水预测

生态环境需水预测包含绿化、环境卫生需水和生态水系需水两个部分,鉴于绿化环卫需水基本集中在城区范围内,各县(区)绿地面积和环境卫生面积指标与发展目标中生态环境指标保持一致,郑州市绿化与环境卫生需水定额如表 7-9 所示。

表 7-9　郑州市绿化与环境卫生需水定额表

类别	水平年	定额（m^3/hm^2）	备注
公园绿地	基准年	3 000	2025 年、2035 年需水定额与基准年保持一致
其他绿地	基准年	2 100	
环境卫生	基准年	1 500	

经计算,郑州市 2025 年绿化及环卫需水量为 13 059 万 m^3,2035 年需水量为 15 870 万 m^3。

目前,郑州市河湖水系流量小、水面窄、水质较差。为建立与郑州国家中心城市建设相适应的水生态系统,需要增加生态环境用水量。2025 年郑州主城区河湖水系总蓄水量将达到6 555 万 m^3,按照适宜的生态需水量标准,年需水量为 1.31 亿 m^3,相当于年换水 2 次;外围组团及各市、县河湖水系按平均年换水 2 次考虑,总需水量为 1.69 亿 m^3。2035 年郑州主城区河湖水系总蓄水量将达到 7 711 万 m^3,按照适宜的生态需水量标准,年需水量为 1.54 亿 m^3,相当于年换水 2 次;外围组团及各市、县河湖水系按平均年换水 2 次考虑,总需水量为 1.99 亿 m^3。基于以上测算,2025 年郑州市生态水系需水量为 3.0 亿 m^3,2035 年郑州市生态水系需水量为 3.53 亿 m^3。

7.1.2.5　需水量预测成果

郑州市规划水平年需水量预测结果见表 7-10。

表 7-10　郑州市规划水平年需水量预测成果　　(单位:万 m^3)

行政区划	水平年	综合生活用水	工业	农业	生态环境			总需水
					绿化、环卫	生态水系	小计	
主城区	2025 年	49 033	5 287	3 198	6 539		6 539	64 057
	2035 年	57 976	6 202	2 786	7 552		7 552	74 516
航空城	2025 年	10 597	11 243	1 379	2 266		2 266	25 485
	2035 年	16 092	13 189	1 202	2 725		2 725	33 208
中牟县	2025 年	8 289	10 190	10 514	1 064		1 064	30 057
	2035 年	11 520	11 954	9 160	1 494		1 494	34 128
上街区	2025 年	2003	1 366	303	571		571	4 243
	2035 年	2 884	1 603	264	656		656	5 407
荥阳市	2025 年	6 250	14 917	5 794	553		553	27 514
	2035 年	6 916	17 497	5 048	636		636	30 097
新郑市	2025 年	6 618	9 951	4 635	937		937	22 141
	2035 年	8 582	11 673	4 038	1 215		1 215	25 508

续表 7-10

行政区划	水平年	综合生活用水	工业	农业	生态环境			总需水
					绿化、环卫	生态水系	小计	
登封市	2025 年	3 847	8 196	2 684	113		113	14 840
	2035 年	4 638	9 615	2 338	467		467	17 058
新密市	2025 年	3 735	7 847	2 733	532		532	14 847
	2035 年	5 162	9 205	2 381	617		617	17 365
巩义市	2025 年	4 834	13 029	2 444	484		484	20 791
	2035 年	6 394	15 284	2 130	513		513	24 321
合计	2025 年	95 206	82 026	33 684	13 059	30 000	43 059	253 975
	2035 年	120 164	96 222	29 347	15 875	35 300	51 175	296 908

2025 年郑州市总需水量为 253 975 万 m^3，其中综合生活需水量为95 206 万 m^3、工业需水量为 82 026 万 m^3、农业需水量为 33 684 万 m^3、生态环境需水量为 43 059 万 m^3；2035 年总需水量为 296 908 万 m^3，其中综合生活需水量为 120 164 万 m^3、工业需水量为 96 222 万 m^3、农业需水量为 29 347 万 m^3、生态环境需水量为 51 175 万 m^3。

7.2　可供水量预测

7.2.1　预测原则

郑州市可供水量的预测包括现有工程和规划水平年内新建工程的可供水量预测，从有利于当地水资源的可持续利用、保证生态环境良性循环的原则，确定各项工程的可供水量。

(1)地表水可供水量：在采用工程设计、复核、水资源论证时，确定分配的供水量，对于挤占农业的用水，原则上应返还给农业。

(2)地下水可供水量：当公共水厂供水管网建成配套后，中深层地下水不应开采，仅作为枯水年份的应急备用水源。

(3)引黄供水量：受引黄分配水量的限制，黄河供水量参照《河南省人民政府关于批转河南省黄河取水许可总量控制指标细化方案的通知》(豫政〔2009〕46 号)、《水利部黄河水利委员会关于 2015 年发放取水许可证的公告》及后续新发取水许可证中确定分配给郑州市的黄河水量。

(4)规划新建供水工程:参照《河南省四水同治建设规划纲要(2018—2035 年)》、郑州市重大水源工程谋划等相关内容,根据已批准的规划及未来可能实施的工程,确定规划水平年的新建供水工程和供水量。

(5)南水北调可供水量:根据《国务院关于南水北调工程总体规划的批复》(国函〔2002〕117 号)、《河南省人民政府关于进一步确认南水北调中线一期工程需调水量的复函》(豫政函〔2005〕113 号)及河南省人民政府文件《河南省人民政府关于批转河南省南水北调中线一期工程水量分配方案的通知》(豫政〔2014〕76 号)等批复和相关文件。目前,南水北调受水区郑州市年分配水量为 5.40 亿 m^3。根据新密市政府与平顶山市政府签订了水权交易协议,交易水量为 0.22 亿 m^3;新郑市人民政府与南阳市水利局签订了水权交易协议,交易水量为 0.8 亿 m^3;登封市人民政府与南阳市水利局签订了水权交易协议交易水量为 0.2 亿 m^3。目前,已经取得的水权交易水量为 1.22 亿 m^3。另外,郑州高新区、经开区仍有 0.99 亿 m^3的交易需求。

7.2.2　地表水可供水量

当地地表水供水主要包括水库供水和河道引提工程供水。郑州市现有中型水库 14 座,总库容为 3.36 亿 m^3,由于受人类活动影响和下垫面条件变化,近年来地表水资源衰减,水库来水减少,地表水供水量呈现不同程度降低,规划水平年郑州市中型水库供水量为 2 503 万 m^3。现有河道引提水工程 12 处,设计引水流量为 101.8 m^3/s,随着地表水资源衰竭,多处河流干涸,引提水量骤减,预测规划水平年引提水可供水量为 365 万 m^3。因此,郑州市地表水可供水量为 2 868 万 m^3。

7.2.2.1　**主城区**

主城区供水的水库主要有尖岗水库、常庄水库。尖岗水库位于二七区侯寨乡尖岗村的贾鲁河上游,1976 年建成,控制流域面积为 113 km^2,总库容为 6 800 万 m^3 ,兴利库容为 5 230 万 m^3,主要功能是防洪、城市应急供水和生态水系调节中枢。2014 年南水北调通水后,主要作为市区南水北调调蓄库、柿园水厂备用水源,根据近几年水库供水量情况,预测规划水平年可供水量为 900 万 m^3。常庄水库位于中原区须水镇常庄村、贾鲁河支流贾峪河上,控制流域面积为 82 km^2,总库容为 1 740 万 m^3,兴利库容为 700 万 m^3,调研发现常庄水库由于上游来水不足，向城区的供水能力有限，目前作为郑州市南水北调调蓄水库。根据郑州市水资源公报及收集资料统计，市区无引提水工程向城市供水。因此，预测规划水平年，市区地表水可供水量为 900 万 m^3。

7.2.2.2　航空城

航空城属于淮河流域，区域内没有大的常年性河流，大部分属于季节性河流，流量变化幅度较大，主要流量集中在 7 月、8 月。河流均属季节性排洪河道，河流水质较差，全年变化幅度大，没有相应的调蓄工程，无城市供水量。

7.2.2.3　中牟县

中牟县属于资源性缺水地区，区域内较大的河流主要为贾鲁河、丈八沟、小清河、堤里小清河等，属季节型、雨源型河流，水量与降水和引黄农业灌溉退水密切相关，雨季河水暴涨，旱季流量很小，甚至断流枯干。中牟地处平原地区，不具备拦蓄雨洪资源的条件，拦蓄工程较少，且水质达不到城市供水水质要求，无城市供水量。

7.2.2.4　上街区

上街区现状无水库向城市供水，水资源基本上无法利用。汜水河年过境水量为8 199万 m^3，过境水主要集中在汛期。枯河在上街区境内长 1.76 km，雨水主要集中在汛期，基本上无法利用。上街区现有引调水工程 2 处，分别为黄河孤柏嘴、巩义新中煤矿引水工程。巩义新中煤矿引水工程（此处作为地表水统计），引水能力为 3 万 m^3/d，实际引水能力为 1 万 m^3/d，目前主要用于中铝河南分公司及其家属区居民生活用水、长铝公司厂区及周边用水。上街区现有提水工程 4 处（方顶提灌站、石咀提灌站、大坡顶提灌站、第二污水处理厂提灌站），主要解决湖泊用水水源问题。因此，预测规划水平年，上街区地表水可供水量为 365 万 m^3。

7.2.2.5　荥阳市

荥阳市主要有丁店水库、河王水库、楚楼水库和唐岗水库 4 座中型水库。丁店水库控制流域面积为 150 km^2，总库容为 6 065 万 m^3，兴利库容为 3 570 万 m^3，是一座以防洪减灾、城市饮用水储备、工业及生态用水、旅游开发等为一体的综合性水利工程；河王水库总库容为 2 257 万 m^3，兴利库容为 1 265 万 m^3，是一座以防洪、农业灌溉为主，兼具水产养殖、旅游开发等综合利用的中型水库；楚楼水库总库容为 1 885 万 m^3，兴利库容为 910 万 m^3，是一座以防洪为主，兼具农业灌溉、城市供水、水产养殖、旅游开发等综合利用的中型水库；唐岗水库是黄河一级支流枯河中上游唯一的一座中型水库，总库容为 2 798 万 m^3，兴利库容为 545 万 m^3，是一座以防洪、农业灌溉为主，兼具旅游等综合利用的中型水库。根据《荥阳市水资源综合规划》,水库可供水量为 1 254 万 m^3,供水对象主要是灌区,兼顾水产养殖功能。根据近几年新增工业用水情况,预测规划水平年水库向城市供水量为 300 万 m^3。荥阳市有 2 处引水工程,分别是胜利渠引水工程和降龙渠引水工程,设计引水流量分别为 7 m^3/s 和 16 m^3/s,均无向城区供水的任务和计划。因此,在预测规划水平年,荥阳地表水可供水量为 300 万 m^3。

7.2.2.6 **新郑市**

新郑市有老观寨水库和后胡水库 2 座中型水库。老观寨水库属淮河流域颍河水系黄水河上游的一座中型水库,总库容为 1 003 万 m^3,兴利库容为 440 万 m^3,设计供水对象为农业灌溉,设计供水量为 300 万 m^3,现状为新郑市南水北调调蓄水库;后胡水库属贾鲁河支流十八里河上的一座中型水库,总库容为 1 190 万 m^3,兴利库容为 610 万 m^3,供水对象为城乡生活、农业灌溉,设计供水量为 300 万 m^3。这两座水库对于新郑市的工业、农业和生活用水起着重要的作用,根据近几年水库供水量情况,预测规划水平年可供水量为 216 万 m^3,作为备用水源。

7.2.2.7 **登封市**

登封市主要有白沙水库、少林水库、纸坊水库、券门水库、井湾水库等。

白沙水库是中华人民共和国成立初期治淮第一批兴建的大型水库之一,总库容为 2.95 亿 m^3,兴利库容为 1.05 亿 m^3,每年向登封市区供水 300 万 m^3。目前,卢店水厂主要水源为白沙水库水,供水范围为阳城区、卢店镇。少林水库总库容为 1 118 万 m^3,兴利库容为 744 万 m^3,供水对象为城乡生活、农业灌溉,设计供水量为 300 万 m^3。目前,第一水厂水源主要为少林水库,供水范围是嵩山路以西、少林路以北,根据《登封市城市供水工程规划》,少林水库已划为少林景区水源地。纸坊水库总库容为 1 820 万 m^3,兴利库容为 595 万 m^3,供水对象为城乡生活、农业灌溉,设计供水量为 420 万 m^3。目前,第二水厂水源主要为纸坊水库,供水范围是嵩山路以东、少林路以北,纸坊水库向城市可供水量为 240 万 m^3。券门水库总库容为 1 718 万 m^3,兴利库容为 708 万 m^3,供水对象为城乡生活、农业灌溉,设计供水量为 200 万 m^3。目前,第三水厂水源主要为券门水库,供水范围是登封大道以南、嵩阳路以东、阳城路以东区域,券门水库向城市可供水量 200 万 m^3。井湾水库总库容为 150 万 m^3,兴利库容为 96 万 m^3,供水对象为城乡生活、农业灌溉,设计供水量为 70 万 m^3。目前,唐庄水厂水源主要为井湾水库,规划建设的水磨湾水库总库容为 1 134.6 万 m^3,兴利库容为 621.9 万 m^3,供水对象为城乡生活、农业灌溉,设计供水量为 163 万 m³。根据郑州市水资源公报及收集资料统计，登封无引提水工程向城市供水。预测规划水平年，登封地表水可供水量为 903 万 m³。

7.2.2.8　新密市

目前，向新密市供水的水库主要有李湾水库、五星水库。李湾水库总库容为2 415万 m³，兴利库容为 1 413 万 m³，供水对象为城乡生活、农业灌溉，设计供水量为 672 万 m³，原作为于家岗水厂水源，现李湾水库由于上游来水不足，水库长期处于死水位之下，向城区的供水能力有限。李湾水库规划有 3 个水源，分别为地表汇流、矿坑水和西水东引水。李湾水库上游登封境内现建有橡胶坝，结合近五年水库蓄水、供水情况，规划水平年地表汇流供水量约为 100 万 m³；王庄排水阵地补源工程向李湾水库充水 200 万 m³。预测规划水平年，李湾水库向城市可供水量 100 万 m³。五星水库总库容为 1 044 万 m³，兴利库容为 430 万 m³，水源补给主要以芦沟矿矿坑排水为主（占总来水量的 77.1%），其可供水量主要受矿坑排水量大小的影响，芦沟矿多年来的矿坑排水比较稳定，水库可供水量为 500 万 m³，主要给裕中电厂和当地农村供水，本次规划不考虑电厂工业供水。现状年新密市提水工程有 6 处，提水工程主要集中在米村镇、刘寨镇、来集镇、平陌镇，均不向城市供水。

7.2.2.9　巩义市

现状向巩义市供水的水库主要有陆浑水库、坞罗水库。陆浑水库作为巩义市外调水水源，是一座以防洪为主，结合灌溉、发电、供水和水产养殖等综合利用的大型拦河枢纽工程。陆浑水库总库容为 13.2 亿 m³，兴利库容为 5.83 亿 m³，陆浑水库水经东一干渠流入坞罗水库，多年平均向巩义市供水 700 万 m³。坞罗水库总库容为 1 787 万 m³，兴利库容为 750 万 m³，是一座以防洪为主，供水对象为城乡生活、农业灌溉，设计供水量为 600 万 m³。目前，坞罗水厂水源主要为陆浑水库与坞罗水库，是主要市区生活用水。预测到规划水平年，坞罗水库向城市可供水量为 300 万 m³。

7.2.3　黄河水供水量

按照黄河流域生态保护与高质量发展原则，根据河南省人民政府以豫政〔2009〕46 号下发的“关于批转《河南省黄河取水指标许可总量控制指标细化方案》的通知”，目前郑州市引黄水量指标共 6.6 亿 m³，耗水指标为 6.3 亿 m³。其中，黄河干流分配郑州市水量指标为 4.2 亿 m³，耗水指标为 3.9 亿 m³；支流洛河分配给郑州市的水量指标为 2.4 亿 m³，耗水指标为 2.4 亿 m³。郑州市引黄工程基本情况如表 7-11 所示。

表 7-11　郑州市引黄工程基本情况

序号	名称	取水方式	供水对象	所在灌区	设计流量（m^3/s）	取水许可量（亿 m^3）
一	地表水取水工程					
1	李村提灌站	提灌	农业	李村	4	0.02
2	孤柏嘴提水站	提灌	工业		2.1	0.12
3	邙山提灌站	提灌	生活生态		14	0.9
4	花园口引黄闸	自流	生态	花园口	10	0.05
5	东大坝引水闸	自流	生态	花园口	8.5	0.05
6	马渡引黄闸	提灌	生态农业	花园口	20	0.1
7	杨桥引黄闸	自流	生态农业	杨桥	35	0.7
8	三刘寨引黄闸	自流	生态农业	三刘寨	25	0.25
9	赵口引黄闸	自流	生态农业	赵口	15	0.05
10	牛口峪引黄闸	提灌	生态农业、生活工业		15	0.85
11	巩义赵沟村提灌站	提灌	农业			0.002 5
12	巩义金沟控导引水工程	提灌	工业生活			0.2
二	地下水取水工程					
1	惠济区石佛水厂取水井群		生活		0.6	0.24
2	惠济区黄河滩区大河庄园机井		生活		0.015	0.001 5
3	北郊凌庄黄河滩区地下取水工程		生活		0.5	0.2
4	惠济区滩地郑州丰乐农庄有限公司井群		农业生活			0.000 76
5	惠济区滩地河南锐青生态农业科技有限公司井群		农业			0.000 06
6	巩义市三水厂石板沟取水井群		生活			0.02
7	巩义市河洛镇滩区向小关供水工程取水井群		工业			0.1
合计						3.85

目前郑州市引黄取水工程共19处，许可年取水量为3.85亿m^3。其中地表水取水工程有12处，总许可年取水量为3.29亿m^3；地下水取水工程有7处，总许可年取水量为0.56亿m^3。

7.2.3.1 主城区

向主城区供水的引黄工程有邙山提灌站、东大坝引水闸、花园口引黄闸和牛口峪引黄工程。邙山提灌站位于黄河风景名胜区，主要为生活和生态供水，邙山干渠输水规模为14 m^3/s，邙山提灌站对应的桃花峪引黄闸的引黄指标为9 000万m^3/年，生活工业用水为8 000万m^3/年，生态用水为1 000万m^3/年。东大坝引水闸的提水能力为6 m^3/s，分配的引黄指标为500万m^3/年（原8 300万m^3，调剂给牛口峪7 800万m^3），生活工业用水指标为200万m^3，农业用水指标为300万m^3。花园口引黄闸，现口门分配的引黄指标为500万m^3/年，主要为生态用水。牛口峪引黄工程，设计引水流量为15 m^3/s，根据《黄委关于郑州市牛口峪引黄工程水资源论证报告的批复》（黄水调〔2013〕543号文），牛口峪引黄工程年取黄河水总量为8 505万m^3/年，其中生活和工业用水为3 600万m^3/年，灌溉用水为2 194万m^3/年，生态景观补水为2 711万m^3/年。

此外，市区涉及黄河滩区地下水取水的有石佛水厂（石佛水厂取水井群即九五滩地下水饮用水源地，取水许可为2 400万m^3/年）和东周水厂（北郊地下水饮用水源地，取水许可为2 000万m^3/年）。目前，由于北郊水源地原水水质超标，郑州市政府做出了关于取消北郊地下水饮用水源地的决定，东周水厂水源为南水北调水。因此，市区生活工业黄河水量取水指标为14 000万m^3/年，其中干流地表水为11 600万m^3/年，滩区地下水为2 400万m^3/年。

7.2.3.2 航空城

现状航空城无引黄供水工程，也无黄河引水指标，但随着航空城的进一步发展，区域用水日趋紧张。目前，郑州市正在谋划东部引黄工程向航空城供水。本次航空城引黄可供水量采用黄河勘测规划设计有限公司编制的《郑州航空港经济综合实验区水资源综合规划》（2018年11月）配置成果，其中2020年、2030年、2035年航空城黄河干流供水量分别为3 978万m^3、4 106万m^3、5 101万m^3。2025年黄河供水量采用2020年与2030年数据插值计算，为4 042万m^3。航空城引黄水量指标，通过政府协调，争取引黄水量配额，或从郑州市内部调剂获得。

7.2.3.3 中牟县

目前，中牟无引黄工程向城市供水，中牟县引黄工程主要有杨桥引黄闸、三刘寨引黄闸、赵口引黄闸。杨桥灌区引黄渠首闸设计引水流量为 35 m^3/s，为农业和生态用水，分配的引黄指标为7 000 万 m^3/年。三刘寨灌区渠首闸位于中牟县万滩镇三刘寨村东北，设计流量为25 m^3/s，为农业和生态用水，分配的引黄指标为2 500 万 m^3/年。赵口引黄闸设计引水流量为210 m^3/s，用于郑州市引水流量为 15 m^3/s，为农业和生态用水，分配的中牟引黄指标为 500 万 m^3/年。

近年来，中牟县城区范围不断扩大，农田灌溉有效灌溉面积存在自然衰减的现象，再加上中牟不断调整农业种植结构，提高灌溉水利用系数，继续加大灌区续建配套与节水改造、高效节水灌溉设施建设等，根据《郑州市水资源综合规划》，中牟县 2025 年农业节水潜力为 5 786 万 m^3，2035 年节水潜力为 6 923 万 m^3。从中牟县水资源条件及未来经济社会发展预期对水资源保障需求进行考虑，本次采用农业节约水量部分向城市供水，进行功能转换供水。因此，考虑预测中牟县黄河水向城市可供水量 2025 年为 5 786 万 m^3，2035 年为 6 923 万 m^3。

7.2.3.4　上街区

上街区与城市供水有关的引黄工程主要为孤柏嘴提水站，孤柏嘴提水站位于荥阳市王村镇，主要用于中铝河南分公司及其家属区居民生活用水、长铝公司厂区及周边用水，设计引水流量为 2.1 m^3/s，口门分配的引黄指标为1 200 万 m^3/年。

7.2.3.5　巩义市

巩义市与城市供水有关的引黄工程有 3 处，分别是巩义金沟控导引水工程、巩义市三水厂石板沟取水井群和河洛镇黄河滩小关取水井群。巩义金沟控导引水工程为工业和生活用水，分配的引黄指标为2 000 万 m^3/年。巩义市三水厂石板沟取水井群为生活用水，分配的引黄指标为 200 万 m^3/年。河洛镇黄河滩小关取水井群为工业用水，分配的引黄指标为 1 000 万 m^3/年。巩义市黄河水向城市供水量 3 200 万 m^3/年。根据河南黄河河务局供水局便函“供水便〔2018〕2 号”关于解决小浪底南岸灌渠区黄河取水指标的复函，小浪底南岸灌渠区巩义境内引黄水量为800 万 m^3/年，由巩义市内部调剂，其中河洛镇黄河滩小关取水井群调剂为600 万 m^3，河南河洛引黄供水水源地工程调剂为200 万 m^3。因此，预测 2025 年、2035 年，巩义市黄河水向城市可供水量均为2 400 万 m^3。

7.2.4　地下水供水能力

由于地下水长期集中开采，部分城区引发许多环境地质问题，并影响到周边农业灌溉和农村生活用水。考虑到郑州市现状存在降落漏斗及地下水水位不断下降等因素,综合郑州市地下水压采工作实施方案,2025 年,航空城、中牟县没有水源替代的地方,适当保留地下水井,逐步减少地下水的开采量。2035 年城区公共管网范围内的地下水不再开采。因此,规划水平年应按照《河南省地下水超采区治理规划》《河南省地下水资源保护规划》等要求,将城市工业和生活挤占生态环境、农业用水所开采的地下水,归还给生态环境和农业。对于以中深层供水为主要水源的地区,当南水北调水厂建成管网配套后,中深层地下水不应开采,仅作为枯水年份的应急备用水源。按照《河南省地下水超采区治理规划》的相关压采任务,郑州市 2025 年地下水开采量控制在 6.77 亿 m^3,2035 年地下水开采量控制在 6.17 亿 m^3。

7.2.5 再生水可供水量

2017 年,郑州市污水处理能力为 237 万 m^3/d,污水排放标准多为一级 A,参照郑州市有关规划,2035 年污水处理能力达到 590 万 m^3/d。规划水平年随着城市建设进程加快,人民群众对环境质量要求提升,城镇污水处理厂出水水质需进一步提高。污水回用量采用规划水平年污水排放量乘以污水处理率再乘以污水回用率的计算方法,按 80% 排放、100% 收集、100% 处理、50% 回用,初步估算中水可回用量 2025 年可达到 6 亿 m^3、2035 年可达到 9 亿 m^3。

7.2.6 南水北调供水量

根据《国务院关于南水北调工程总体规划的批复》(国函〔2002〕117 号)、《河南省人民政府关于进一步确认南水北调中线一期工程需调水量的复函》(豫政函〔2005〕113 号)及河南省人民政府文件《河南省人民政府关于批转河南省南水北调中线一期工程水量分配方案的通知》(豫政〔2014〕76 号)等批复和相关文件,南水北调中线工程在郑州市共设分水口门 7 处,年分配水量指标为 5.4 亿 m^3,分别为新郑李垌口门 5 000 万 m^3/年,港区小河刘 12 140 万 m^3/年,刘湾口门 9 470 万 m^3/年,密垌、中原西路口门 20 050 万 m^3/年,荥阳前蒋寨 5 840 万 m^3/年,上街蒋头 1 500 万 m^3/年。

新密市人民政府与平顶山市人民政府签订了水权交易协议,交易水量为 0.22 亿 m^3;新郑市人民政府与南阳市水利局签订了水权交易协议,交易水量为 0.8 亿 m^3;登封市人民政府与南阳市水利局签订了水权交易协议,交易水量为 0.2 亿 m^3,共计取得的水权交易水量为 1.22 亿 m^3。另外,郑州高新区、经开区仍有 0.99 亿 m^3的交易需求。

7.3　供需平衡分析

7.3.1　供需方案设置

供需分析方案设置主要是以需水方案、供水方案为依据。根据不同水平年的需水预测及供水预测等成果，进行供需分析，本次供需分析考虑水厂覆盖范围内生活与工业供水全部由水厂供水，生态环境用水全部由中水提供；生态水系用水由中水和黄河水补给；水厂覆盖范围外的生活与工业采用地下水或其他专用水源；农业用水采用当地地表水、黄河水和地下水。同时考虑西水东引，向登封市、新密市、巩义市3地市供水，航空城建引黄供水工程、中牟县实现黄河水量向城市供水转换等，拟定供需分析方案。

7.3.1.1　2025 年供需分析方案

以郑州市现有黄河水指标、南水北调分配指标及已取得的南水北调水权交易水量为基础，考虑和当地地表水、地下水、中水资源的联合开发利用。

7.3.1.2　2035 年供需分析方案

以2025年的供需分析方案为基础，考虑部分地下水的封停备用，水厂水源全部为南水北调水和黄河水（双水源）。

7.3.2　2025 年供需分析方案

考虑现有郑州市南水北调分配及交易水量（含有交易意向水量）、黄河水量，以及当地地表水量、地下水量，并考虑西水东引工程，进行2025年的供需分析。2025年，郑州市总需水量为253 975万m^3，生活需水量为95 206万m^3，工业需水量为82 026万m^3，农业需水量为33 684万m^3，生态环境（河道外）需水量为13 059万m^3，生态水系需水量为30 000万m^3。郑州市现有南水北调分配水量为54 000万m^3，现有已取得南水北调水权交易水量12 200万m^3，已达成交易意向水量为9 900万m^3，黄河干流供水量为39 547万m^3，西水东引供水量为4 845万m^3，当地地表水供水量为6 432万m^3，地下水供水量为67 688万m^3，中水供水量为59 383万m^3。郑州市2025年水资源供需分析如表7-12所示。

表7-12　郑州市2025年水资源供需分析　　（单位：万 m^3）

行政区划	需水量	南水北调			黄河水			当地地表水	地下水	中水	合计
		分配指标	已取得交易	小计	黄河干流	黄河支流	小计				
主城区	64 057	29 520	9 900	39 420	14 000		14 000	900	3 198	6 539	64 057
航空城	25 485	9 400		9 400	4 042		4 042		5 777	6 266	25 485
中牟县	30 057	2 740	2 756	5 496	10 000		10 000		10 497	4 064	30 057
上街区	4 243	1 500		1 500	1 200		1 200		972	571	4 243
荥阳市	27 514	5 840		5 840	2 394		2 394	1 554	13 172	4 553	27 513
新郑市	22 141	5 000	5 244	10 244				216	8 744	2 937	22 141
登封市	14 840		2 000	2 000		239	239	1 897	8 192	2 513	14 841
新密市	14 847		2 200	2 200	0	3 168	3 168	800	6 147	2 532	14 847
巩义市	20 791				3 200	1 438	4 638	700	10 969	4 484	20 791
生态水系	30 000				4 711		4 711	365		24 924	30 000
合计	253 975	54 000	22 100	76 100	39 547	4 845	44 392	6 432	67 668	59 383	253 975

7.3.3　2035年供需分析方案

本方案考虑供水范围内水厂水源全部为南水北调水和黄河水（双水源），且在新城区要求实现分质供水，即生活用水主要依靠南水北调水供给，工业用水优先使用黄河水，生态环境用水主要为中水，供需缺口还需获得南水北调水源。

2035年，郑州市总需水量296 908万 m^3，生活需水量为120 164万 m^3，工业需水量为96 222万 m^3，农业需水量为29 347万 m^3，生态环境（河道外）需水量为15 875万 m^3，生态水系需水量为35 300万 m^3。郑州市现有南水北调分配水量54 000万 m^3，现有已取得南水北调水权交易水量12 200万 m^3，已达成交易意向水量为9 900万 m^3，黄河干流供水量为35 505万 m^3，西水东引供水量为4 845万 m^3，当地地表水供水量为6 432万 m^3，地下水供水量为60 410万 m^3，中水供水量为67 499万 m^3。缺水量为46 118万 m^3，为达到供需平衡，需要新增南水北调水量补充。郑州市2035年水资源供需分析如表7-13所示。

表 7-13　郑州市 2035 年水资源供需分析

（单位：万 m^3）

行政区划	需水量	南水北调				黄河水			当地地表水	地下水	中水	合计
		分配指标	已取得交易	新增引丹水	小计	黄河干流	黄河支流	小计				
主城区	74 516	29 520	9 900	18 556	57 976	5 302	0	5 302	900	2 786	7 552	74 516
航空城	33 207	9 400		6 692	16 092	8 698		8 698		1 693	6 725	33 207
中牟县	34 128	2 740	74	8 706	11 520	10 000		10 000		8 114	4 494	34 128
上街区	5 407	1 500		1 383	2 883	1 200		1 200		668	656	5 407
荥阳市	30 098	5 840		1 076	6 916	2 394		2 394	1 554	14 598	4 636	30 098
新郑市	25 508	5 000	7 926		12 926				216	9 151	3 215	25 508
登封市	17 058		2 000	1 614	3 614	0	239	239	1 897	8 441	2 867	17 058
新密市	17 365		2 200	2 387	4 587		3 168	3 168	800	6 193	2 617	17 365
巩义市	24 320			5 704	5 704	3 200	1 438	4 638	700	8 766	4 513	24 320
生态水系	35 300					4 711		4 711	365		30 224	35 300
合计	296 908	54 000	22 100	46 118	122 218	35 505	4 845	40 350	6 432	60 410	67 499	296 908

7.4　水资源配置

7.4.1　配置原则

(1)优水优用原则:以南水北调水和黄河水共同满足规划水平年郑州市城市用水需求,生活用水以南水北调供水为主,工业用水以黄河水供水为主。

(2)协调原则:水量的配置应立足已有规划,注重行业之间、区域之间的协调发展原则。

(3)高效原则:绿化环卫用水全部由中水供给,生态水系由黄河水和中水补给,南水北调水仅作为生态环境用水的应急补充水源。

7.4.2　配置成果

7.4.2.1　2025 年配置成果

2025 年共配置水量 253 975 万 m^3。按区域分:主城区 64 057 万 m^3、航空城 25 485 万 m^3、中牟县 30 057 万 m^3、上街区 4 243 万 m^3、荥阳市 27 514 万 m^3、新郑市 22 141 万 m^3、登封市 14 840 万 m^3、新密市 14 847 万 m^3、巩义市 20 791 万 m^3。按水源用户分:南水北调水配置水量为 76 100 万 m^3,其中供生活 72 474 万 m^3、供工业 3 626 万 m^3;黄河干流水配置水量为 39 547 万 m^3,其中供生活 15 606 万 m^3、供工业 11 822 万 m^3、供农业 7 408 万 m^3、供生态水系 4 711 万 m^3;黄河支流水配置水量为 4 845 万 m^3,其中供生活 1 438 万 m^3、供工业 3 407 万 m^3;当地地表水配置水量为 6 432 万 m^3,其中供生活 3 273 万 m^3、供工业 300 万 m^3、供农业 2 494 万 m^3、供生态水系 365 万 m^3;地下水配置水量为 67 668 万 m^3,其中供生活 2 415 万 m^3、供工业 41 471 万 m^3;中水配置水量为 59 383 万 m^3,供工业 21 400 万 m^3。其他全部供给生态环境用水。

7.4.2.2　2035 年配置成果

2035 年共配置水量 296 908 万 m^3。按区域分:主城区 74 516 万 m^3、航空城 33 207 万 m^3、中牟县 34 128 万 m^3、上街区 5 407 万 m^3、荥阳市 30 098 万 m^3、新郑市 25 508 万 m^3、登封市 17 058 万 m^3、新密市 17 365 万 m^3、巩义市 24 320 万 m^3。按水源用户分:南水北调水配置水量为 122 218 万 m^3,其中供生活 114 305 万 m^3、供工业 7 913 万 m^3;黄河干流水配置水量为 35 505 万 m^3,

其中供生活 2 144 万 m³、供工业 22 379 万 m³、供农业 6 271 万 m³、供生态水系 4 711 万 m³；黄河支流水配置水量为 4 845 万 m³，其中供生活 690 万 m³、供工业 4 155 万 m³；当地地表水配置水量为 6 432 万 m³，其中供生活 2 679 万 m³、供工业 825 万 m³、供农业 2 563 万 m³、供生态水系 365 万 m³；地下水配置水量为 60 410 万 m³，其中供生活 346 万 m³、供工业 39 551 万 m³；中水配置水量为 67 499 万 m³，供工业 21 400 万 m³；其他全部供给生态环境用水。郑州市 2025 年、2035 年水资源配置如表 7-14、表 7-15 所示。

7.4.3 配置合理性分析

（1）优水优用，本次配置实现了南水北调水的社会效益、经济效益最大化，满足人民群众对美好生活的向往。

（2）趋势合理，郑州市现状年南水北调供水人口为 680 万人，分配水量为 5.4 亿 m³；2035 年供水人口为 1 450 万人，配置水量为 12.2 亿 m³，增加趋势基本合适，与国家中心城市北京市、天津市供水人口及分配水量相比，配置水量基本合理。

（3）规划实施后能有效控制地下水开采和保护涵养地下水资源，实现生活供水地表化的要求。

7.4.4 新增南水北调水量

在充分考虑郑州市现状供水格局及用水需求的基础上，充分利用南水北调水与黄河水量，以南水北调供水为主，确保生活用水。综合上述分析，到 2025 年，郑州市南水北调配置水量为 76 100 万 m³，在原有分配指标的基础上需增加 22 100 万 m³，增加水量近期主要通过水权交易水量实现；到 2035 年，郑州市南水北调配置水量为 122 218 万 m³，在原有分配指标的基础上需增加 68 218 万 m³，增加水量远期主要靠南水北调中线二期扩大供水实现。

7.5 策略与建议

按照“先算清水账、再寻找水源、后谋划工程”的工作方法，采取“开源节流、优化结构、系统开发、综合利用、战略储备”等主要措施，加快解决郑州面临的水源不足、水质不优、水工程不多、水系不畅、保障性不强等突出问题。

表 7-14　郑州市 2025 年水资源配置成果

（单位：万 m^3）

行政区划	用水户	需水量	南水北调			黄河水			当地地表水	地下水	中水	合计
			分配指标	已取得交易	小计	黄河干流	黄河支流	小计				
主城区	生活	49 033	29 520	9 900	39 420	8 713		8 713	900			49 033
	工业	5 287				5 287		5 287				5 287
	农业	3 198								3 198		3 198
	生态环境（河道外）	6 539									6 539	6 539
	小计	64 057	29 520	9 900	39 420	14 000		14 000	900	3 198	6 539	64 057
航空城	生活	10 597	9 400		9 400	1 197		1 197				10 597
	工业	11 243				2 845		2 845		4 398	4 000	11 243
	农业	1 379								1 379		1 379
	生态环境（河道外）	2 266									2 266	2 266
	小计	25 485	9 400		9 400	4 042		4 042		5 777	6 266	25 485
中牟县	生活	8 289	2 740	2 756	5 496	2 793		2 793				8 289
	工业	10 190				2 993		2 993		4 197	3 000	10 190
	农业	10 514				4 214		4 214		6 300		10 514
	生态环境（河道外）	1 064									1 064	1 064
	小计	30 057	2 740	2 756	5 496	10 000		10 000		10 497	4 064	30 057

续表 7-14

行政区划	用水户	需水量	南水北调			黄河水			当地地表水	地下水	中水	合计
			分配指标	已取得交易	小计	黄河干流	黄河支流	小计				
上街区	生活	2 003	1 500		1 500	503		503				2003
	工业	1 366				697		697		669		1 366
	农业	303								303		303
	生态环境（河道外）	571									571	571
	小计	4 243	1 500		1 500	1 200		1 200		972	571	4 243
荥阳市	生活	6 250	5 840		5 840					410		6 250
	工业	14 916							300	10 616	4 000	14 916
	农业	5 794				2 394		2 394	1 254	2 146		5 794
	生态环境（河道外）	553									553	553
	小计	27 514	5 840		5 840	2 394		2 394	1 554	13 172	4 553	27 514
新郑市	生活	6 618	5 000	1 618	6 618							6 618
	工业	9 951		3 626	3 626					4 325	2 000	9 951
	农业	4 635							216	4 419		4 635
	生态环境（河道外）	937									937	937
	小计	22 141	5 000	5 244	10 244				216	8 744	2 937	22 141

续表 7-14

行政区划	用水户	需水量	南水北调			黄河水			当地地表水	地下水	中水	合计
			分配指标	已取得交易	小计	黄河干流	黄河支流	小计				
登封市	生活	3 847		2 000	2 000				1 273	574		3 847
	工业	8 197					239	239		5 558	2 400	8 197
	农业	2 684							624	2 060		2 684
	生态环境(河道外)	113									113	113
	小计	14 840		2 000	2 000		239	239	1 897	8 192	2 513	14 840
新密市	生活	3 735		2 200	2 200				800	735		3 735
	工业	7 847					3 168	3 168		2 679	2 000	7 847
	农业	2 733								2 733		2 733
	生态环境(河道外)	532									532	532
	小计	14 847		2 200	2 200	0	3 168	3 168	800	6 147	2 532	14 847
巩义市	生活	4 834				2 400	1 438	3 838	300	696		4 834
	工业	13 029								9 029	4 000	13 029
	农业	2 444				800		800	400	1 244		2 444
	生态环境(河道外)	484									484	484
	小计	20 791				3 200	1 438	4 638	700	10 969	4 484	20 791

续表 7-14

行政区划	用水户	需水量	南水北调			黄河水			当地地表水	地下水	中水	合计
			分配指标	已取得交易	小计	黄河干流	黄河支流	小计				
合计	生活	95 206	54 000	18 474	72 474	15 606	1 438	17 044	3 273	2 415		95 206
	工业	82 026		3 626	3 626	11 822	3 407	15 229	300	41 471	21 400	82 026
	农业	33 684				7 408		7 408	2 494	23 782		33 684
	生态环境(河道外)	13 059									13 059	13 059
	生态水系	30 000				4 711		4 711	365		24 924	30 000
	小计	253 975	54 000	22 100	76 100	39 547	4 845	44 392	6 432	67 668	59 383	253 975

表 7-15　郑州市 2035 年水资源配置成果

（单位：万 m^3）

行政区划	用水户	需水量	南水北调				黄河水			当地地表水	地下水	中水	合计
			分配指标	已取得交易	新增引丹水	小计	黄河干流	黄河支流	小计				
主城区	生活	57 976	29 520	9 900	15 657	55 077	1 999		1 999	900			57 976
	工业	6 202			2 899	2 899	3 303		3 303				6 202
	农业	2 786									2 786		2 786
	生态环境(河道外)	7 552										7 552	7 552
	小计	74 516	29 520	9 900	18 556	57 976	5 302	0	5 302	900	2 786	7 552	74 516
航空城	生活	16 092	9 400		6 692	16 092							16 092
	工业	13 189					8 698		8 698		491	4 000	13 189
	农业	1 202									1 202		1 202
	生态环境(河道外)	2 725										2 725	2 725
	小计	33 207	9 400		6 692	16 092	8 698		8 698		1 693	6 725	33 208
中牟县	生活	11 520	2 740	74	8 706	11 520							11 520
	工业	11 954					6 923		6 923		2 031	3 000	11 954
	农业	9 160					3 077		3 077		6 083		9 160
	生态环境(河道外)	1 494										1 494	1 494
	小计	34 128	2 740	74	8 706	11 520	10 000		10 000		8 114	4 494	34 128

续表 7-15

行政区划	用水户	需水量	南水北调				黄河水			当地地表水	地下水	中水	合计
			分配指标	已取得交易	新增引丹水	小计	黄河干流	黄河支流	小计				
上街区	生活	2 884	1 500		1 239	2 739	145		145				2 884
	工业	1 603			144	144	1 055		1 055		404		1 603
	农业	264									264		264
	生态环境(河道外)	656										656	656
	小计	5 407	1 500		1 383	2 883	1 200		1 200		668	656	5 407
荥阳市	生活	6 916	5 840		730	6 570					346		6 916
	工业	17 498			346	346				300	12 852	4 000	17 498
	农业	5 048					2 394		2 394	1 254	1 400		5 048
	生态环境(河道外)	636										636	636
	小计	30 098	5 840		1 076	6 916	2 394		2 394	1 554	14 598	4 636	30 098
新郑市	生活	8 582	5 000	3 582		8 582							8 582
	工业	11 673		4 344		4 344					5 329	2 000	11 673
	农业	4 038								216	3 822		4 038
	生态环境(河道外)	1 215										1 215	1 215
	小计	25 508	5 000	7 926		12 926				216	9 151	3 215	25 508

续表 7-15

行政区划	用水户	需水量	南水北调				黄河水			当地地表水	地下水	中水	合计
			分配指标	已取得交易	新增引丹水	小计	黄河干流	黄河支流	小计				
登封市	生活	4 638		2 000	1 434	3 434				1 204			4 638
	工业	9 615			180	180		239	239		6 796	2 400	9 615
	农业	2 338				0				693	1 645		2 338
	生态环境(河道外)	467				0						467	467
	小计	17 058		2 000	1 614	3 614	0	239	239	1 897	8 441	2 867	17 058
新密市	生活	5 162		2 200	2 387	4 587				575			5 162
	工业	9 205						3 168	3 168	225	3 812	2 000	9 205
	农业	2 381									2 381		2 381
	生态环境(河道外)	617										617	617
	小计	17 365		2 200	2 387	4 587		3 168	3 168	800	6 193	2 617	17 365
巩义市	生活	6 394			5 704	5 704		690	690				6 394
	工业	15 284					2 400	748	3 148	300	7 836	4 000	15 284
	农业	2 130					800		800	400	930		2 130
	生态环境(河道外)	513										513	513
	小计	24 320			5 704	5 704	3 200	1 438	4 638	700	8 766	4 513	24 321

续表 7-15

行政区划	用水户	需水量	南水北调				黄河水			当地地表水	地下水	中水	合计
			分配指标	已取得交易	新增引丹水	小计	黄河干流	黄河支流	小计				
合计	生活	120 164	54 000	17 756	42 549	114 305	2 144	690	2 834	2 679	346		120 164
	工业	96 222		4 344	3 569	7 913	22 379	4 155	26 534	825	39 551	21 400	96 223
	农业	29 347					6 271		6 271	2 563	20 513		29 347
	生态环境(河道外)	15 875										15 875	15 875
	生态水系	35 300					4 711		4 711	365		30 224	35 300
	小计	296 908	54 000	22 100	46 118	122 218	35 505	4 845	40 350	6 432	60 410	67 499	296 908

7.5.1 开源节流

7.5.1.1 节水优先

加快推进“全域、全业、全程、全制、全民”五维节水行动,统筹推进政府节水精细管控行动、行业水效综合提升工程、循环减排增量利用行动、节水机制改革创新行动、节水产业及文化培育行动,坚持农业节水、工业节水、生活节水齐抓,大力实施工业企业节水信用制度、酒店用水独立计量系统、高校试点合同节水、城市再生水推广利用、居民生活用水水价改革等项目,带动全市节水增效。

(1)强化农业节水。为全面提升农业节水水平,要通过加大农田节水灌溉力度,实现平原区高效节水灌溉的全覆盖、山丘区高效节水灌溉的大发展,配合山丘区种植结构调整(大力发展林果业和旱作农业),在保证农业高产稳产的同时把农业用水降下来。在城市园林绿地、生态廊道等方面同步实施高效节水灌溉。

(2)强化工业节水。严控新上或扩建高耗水、高污染项目。引导、促进工业结构和布局的科学调整,加快淘汰落后产能。实施工业增量用水准入制度,强制高耗水行业转型升级,强化用水大户节水改造。开展水质对标达标改造,促进废水循环利用和综合利用,实现废水减量化。

(3)强化生活节水。推进节水型社会达标建设,推广绿色建筑,新建公共建筑应安装中水设施。重点实施供水管网改造、节水器具推广。加强节水宣传教育,将节水成效、节水创建作为文明单位创建的重要内容。

7.5.1.2 着力挖潜

通过对主城区现有污水处理厂提标提质,全面提高再生水利用率。实施水库清淤扩挖、闸坝改造,加快沿黄引水口门提升改造工程建设,盘活现有水利工程调蓄潜力。开展水库动态汛限水位研究,适时抬高汛限水位,增加兴利库容,优化水库调度运行方案,实现防洪和兴利效益最大化。推进水利工程规范化、标准化、精细化管理,确保工程良性运行。

(1)全面提高再生水利用率。对主城区现有污水处理厂提标改造,全面提高排放标准;在穿越主城区的部分河道上游建设水质提升工程。

(2)恢复沿黄引水口门的供水能力。对受黄河下切影响引水困难的六处引黄口门进行提升改造,通过降低闸底板高程及建设配套泵站等措施,恢复其引黄能力。

(3)盘活现有水利工程调蓄潜力。对郑州市区周边中型水库及具备条件的小型水库进行清淤扩容，建闸拦蓄雨洪资源，提高兴利库容。

7.5.1.3　有效开源

按照“确有需要、生态安全、可以持续”的原则，依托南水北调水、黄河水和本地地表水，多途径广辟水源，积极引水蓄水。

（1）南水北调水资源利用：结合南水北调水权交易，对郑州7个供水口门统筹配置，实施南水北调十八里河退水闸改造工程、南水北调新郑观音寺调蓄工程、白沙水库调蓄工程等，增加南水北调供水量。

（2）黄河水资源利用：郑州西水东引工程、现有伊洛河提水工程及巩义市生态水系调度工程可新增黄河支流供水量；通过中牟滩区调蓄工程、航空城调蓄工程和郑州东部引黄口门向航空城供水工程联合实施，可向航空城配置黄河水；惠金滩区调蓄工程和荥阳滩区调蓄工程可增加黄河水供水量。

建议加快推进桃花峪水库建设的前期工作研究，为郑州市提供更好更高的黄河水供水保障，对郑州市水资源配置、生态环境改善等方面具有十分显著的作用。水库兴建后，可以利用其调节能力，实现丰枯调剂，改善取水口的引水条件，提高黄河供水能力和供水保证率；同时，水库对干支流来水进行调节，实现干支流水资源统筹调配；还可利用洪水资源保障下游河道的生态流量，有利于河流自然生态功能的恢复；可减少区域地下水开采，增加地下水补给，促进生态修复，让黄河真正成为造福人民的幸福河。

（3）本地地表水利用：根据郑州市中小型水库建设规划，在郑州市西部新建新密大潭嘴、巩义佛湾、荥阳庙湾三座中型水库，可增加当地地表水供水量。

7.5.2　优化结构

按照“一水多用、优水优用、分质利用”的配置原则，优化供水保障对象。南水北调水主要保障生活用水，黄河水和本地水主要保障生产、生态用水，再生水主要保障生态用水、工业用水，城镇自备井主要保障应急用水。按照“保生活用水、稳工业用水、增环境用水、降农业用水”的思路，进一步优化用水结构。

7.5.3　系统开发

7.5.3.1　坚持统筹开发治理

牢固树立创新、协调、绿色、开放、共享的发展理念，统筹山水林田湖草系统治理，统筹河湖库渠水系连通，统筹干支流、上下游、左右岸统一治理，统筹空中水、地表水、地下水、外调水系统的开发，促进生态系统各要素和谐共生。

7.5.3.2　坚持城乡供水一体

打破行政区划和城乡二元供水格局，统一规划，分期实施，整合全域水务资源，探索形成供水大调度、集约化、高品质一体化的供水格局，逐步建成“供水一张网”，实现城乡供水“同城、同网、同质、同服务”目标。

7.5.3.3　坚持优化配置格局

以水源建设为基、以水系连通为本、以河湖整治为要，按照郑州“东强、南动、西美、北静、中优、外联”的城市功能布局，着力优化水资源配置。以实施郑东新区两湖五河互通工程、南水北调向郑州东部组团供水工程为重点促东强，以实施郑州东部引黄口门向航空城供水工程、西南区水系建设连通工程为重点促南动，以实施常庄水库区域生态修复保护工程、石佛沉砂池向西区供水工程为重点促西美，以实施索须河生态提升工程、花园口引黄渠系生态提升工程为重点促北静，以实施金水河综合治理提升工程为重点促中优，以实施郑汴洛外部水系连通工程、小浪底水库引水入郑工程为重点促外联。

7.5.3.4　坚持超采综合整治

推进地下水超采区综合治理，采取区域内节水、水源置换、种植结构调整等措施，进一步压采地下水，逐步实现地下水采补平衡。

7.5.3.5　建设原水走廊工程

为保障主城区及航空城的用水安全，充分发挥应急备用水源的工程效益，规划沿绕城高速新建原水走廊，将小浪底应急水源、沿黄口门引黄水源、南水北调及观音寺应急水源串联起来，一旦某个水源出现问题，其他水源可实现互联互济，保障郑州国家中心城市建设的用水安全。

7.5.4　综合利用

主要通过南水北调退水的资源化利用、郑州市生态水系退水的循环利用及引黄水先看后用的思路，实现生态用水的多途径、多元化综合利用。同时落实工程措施，加大雨水、矿井水的综合利用力度。

(1)南水北调退水的资源化利用：依托现有的五座退水闸相机向相关河、湖退水，并结合配套引提水工程向周边生态水系或调蓄工程补水。

(2)城市生态水系退水的循环利用：依托在建的环城生态水系循环工程，将下游贾鲁河的生态退水提升至上游河道重复利用。

(3)引黄水先看后用：依托现有的龙湖及规划的黄河滩区等引黄调蓄工程，既满足城市生态景观，又流到下游作为农业灌溉用水，实现黄河水的一水多用。

(4)推进雨水和矿井水的综合利用:结合郑州市海绵城市专项规划,积极推进城市雨水综合利用工程建设,在新密、登封、新郑等地区加快矿井水利用工程建设。

(5)黄河滩区调蓄工程可实现黄河汛期洪水资源化的综合利用。

7.5.5 战略储备

郑州作为一个人口超千万的国家中心城市,除南水北调中线工程水源外,应有可靠的战略性应急备用水源。

7.5.5.1 小浪底水库引水入郑工程

根据《河南省人民政府关于实施四水同治加快推进新时代水利现代化的意见》中建设陆浑水库至郑州西水东引工程,开展小浪底水库向郑州输水研究,支撑郑州国家级中心城市建设的要求,对小浪底水库引水入郑工程进行了初步分析论证,认为小浪底水库是郑州战略性应急备用水源的较优选择。

7.5.5.2 南水北调白沙水库和观音寺水库调蓄工程

白沙水库位于郑州大都市区范围内,兴利库容1.15亿m^3,可结合在建的登封市南水北调供水工程(从南水北调许昌16号口门引水至白沙水库)将白沙水库作为郑州市战略备用水源。

规划新郑观音寺调蓄工程对新郑市杨庄水库和五虎赵水库进行扩建改造,形成库容约1亿m^3的调蓄湖,通过在南水北调总干渠建设分水口门引水调蓄,可向航空城、新郑市龙湖地区及新密市东部供水,同时也可作为郑州中心城区城市供水的备用水源(向北沿大学路延伸进入郑州市区,可为刘湾等水厂供水)。

7.5.5.3 城区自备井统筹联网工程

在地下水压采后,把城区的各单位自备井统筹联网,作为备用水源。

7.5.5.4 原水走廊工程

为保障主城区及航空城的用水安全,充分发挥应急备用水源的工程效益,规划沿绕城高速新建原水走廊,将小浪底应急水源、沿黄口门引黄水源、南水北调及观音寺应急水源串联起来,一旦某个水源出现问题,其他水源可实现互联互济,保障郑州国家中心城市建设的用水安全。

第 8 章　水资源调度

8.1　调度原则与目标

8.1.1　调度原则

8.1.1.1　确保全市饮用水安全的原则

防止全市群众生活缺水是郑州市水量调度必须遵守的最基本原则。

8.1.1.2　系统协调、统筹兼顾、高效利用的原则

系统协调是从系统的角度出发,注重除害与兴利、水量与水质、开源与节流、工程与非工程措施相结合,协调处理各层次各方面的关系,如上下游、左右岸、近远期、不同区域、不同用户、不同类型的水源,服从防洪调度,科学制订调度计划,保障流域经济和谐发展。

统筹兼顾是从经济社会和生态环境协调发展的要求出发,兼顾生活、生产和生态用水要求。按照用户的重要性确定供水次序,优先满足生活用水,其次满足最小生态环境用水,最后是生产用水和一般生态用水。对于特枯年和连续枯水年的应急用水方案,应重点保障人民生活用水,兼顾重点行业用水,确保应急对策顺利实施。

高效利用包括两个方面,分别是提高用水效率、增加用水效益、减少水资源在取水—输水—用水—排水—回用环节中的无效浪费。这种高效性不是单纯追求经济意义上的有效性,而是同时追求对环境负面影响小的环境效益,是能够保证经济、环境和社会协调发展的综合利用效率。

8.1.1.3　分级管理、分级负责的原则

分级管理、分级负责即指各有关水行政主管部门按照规定的权限和职责,做好各自权限范围内的调度工作。

8.1.2　调度目标

科学调度水资源,提高郑州市水资源空间调控能力,根据面临的水资源供需矛盾的尖锐程度、经济社会发展的特点、社会价值取向及调度决策支持水平

的不同,水资源调度所实现的目标也有所差异,通过建设重大工程及相应配套措施,初步形成目标合理、调配科学、设施完善的水资源调度保障体系。

(1)通过水资源合理调度,在城区遏制地下水超采、水质超标现象,保障重点区域、重点领域用水。在城乡接合部及农村,以通过城乡供水一体化、农村饮水安全巩固提升工程,保障农村供水安全。

(2)建立公平、公正的用水秩序,优化配水过程,提高调度精度,归还被挤占河道内生态用水及农业用水,保证河道内一定的生态基流,确保城区水系长流水、流清水,着力形成“在循环中改善、在改善中循环、动静相宜”的水系景观。

(3)加快病险水库的除险加固、中小河流治理、农村防洪设施整治,补齐农业农村短板,在保证防洪安全的前提下,库存水、渠有水、沟流水,“死水”变“活水”,恢复河流自然状态,形成坑满塘平生态美的农村新画卷。

(4)通过新技术手段,完善涉水信息、全要素动态感知监测监控体系和水利信息网络,构建郑州市智慧水利平台,提升涉水业务感知、分析、预测和风险防范能力。

8.2 水资源开发利用

郑州市水资源利用主要包括南水北调水、黄河水、本地地表水、雨洪水、再生水、矿井水等几个方面,根据各水源特征,结合开发利用工程及相应配套设施,科学调配水资源。

8.2.1 南水北调水

郑州市南水北调水资源调度依据南水北调中线一期工程河南省年度水量调度计划,年内用水过程控制依据南水北调办下达的月调度方案和实时调度指令,可依据前期用水情况、下阶段来水预估,以及丹江口水库蓄水情况、申报的用水需求计划,对年度调度计划确定的年内分水过程进行适当调整,但不得改变年度分水指标,若需要调整年度分水指标,必须申报批准。

通过建设观音寺、航空城等南水北调水调蓄工程,提高南水北调供水保证率,解决南水北调来水年际变化大、年内分配不均、与需水过程不完全匹配等问题;通过水权交易,增加登封、新密、高新区、经开区、新郑龙湖镇、白沙组团等区域供水;通过退水闸,利用丹江口弃水相机对附近河道、城区水系补充生态用水。

8.2.2　黄河水

黄河水资源年内用水过程控制依据黄河水利委员会下达的月旬调度方案和实时调度指令,可依据前期用水情况、下阶段黄河来水预估和水库蓄水情况、申报的用水需求计划,对年度调度计划确定的年内分水过程进行适当调整,但不得改变年度分水指标,若需要调整年度分水指标,必须申报批准。

通过引黄口门改造、增加引黄调蓄工程、布置移动型引水泵站、黄河湿地公园和沿黄生态廊道建设、西水东引等工程措施,统筹使用和合理调配黄河干支流用水指标,促进黄河水资源利用系统化、科学化。

8.2.3　本地地表水

积极开展14座中型水库和121座小型水库的清淤工作,恢复供水能力,及时更新老化损毁的水闸、泵站等设施设备,使其供水能力恢复设计水平。在确保防洪安全的前提下,各类水源工程在正常年份尽量多引、多提、多拦、多蓄,合理储备水源。

8.2.4　雨洪水

通过新建、改建和扩建水库工程,最大程度地拦蓄雨洪水,巩义、新郑、新密、登封等山丘区建设小水窖、小水池、小塘坝、小泵站、小水渠等"五小水利",发展集雨增效现代农业,并解决人畜饮水问题,提高雨水利用效率;东部和南部平原区强化林草地、湿地等绿色生态基础设施建设,布局蓄水设施、堤防、渠系、泵站、水井等灰色基础设施,提高雨水积蓄和利用能力。

结合郑州市海绵城市专项规划,按照城市低影响开发的要求,通过低影响开发的单项措施或组合系统,实现雨水资源的收集利用。低影响开发的具体措施主要有透水铺装、绿色屋顶、下沉式绿地、生物滞留设施、渗透塘、渗井、雨水湿地、蓄水池、调节塘、草沟、植被缓冲带等。

8.2.5　再生水

应充分开发利用城市污水资源,削减水污染负荷,建立完善再生水利用激励政策,鼓励污水处理厂采用再生水利用技术,改造现有污水厂的管网系统,加大再生水处理规模,做好再生水管网配套工程,扩大再生水利用范围,提高城市再生水回用率,缓解城市用水中的供需矛盾。实施城市污水处理厂及尾水深度净化工程,乡镇及农村污水控制及净化工程。

8.2.6 矿井水

矿井水是郑州市不可或缺的重要再生水源，根据巩义、登封、新密、新郑等地的实际情况，充分利用矿井水以缓解其水资源短缺状况，抓好新中煤矿、超化煤矿、桧树亭煤矿、杨河煤业、告成煤矿等矿井水利用示范工程，努力提高矿井水资源的利用率，把矿井水利用规模与矿区及周围生活、生产和生态用水有机结合。对那些水质较好、没有被污染的矿井水，采取清污分排措施，清水排至地面蓄水池直接进行消毒，供生产和生活用。对于水质污染较轻、水量不大，而且涌水量相对稳定的矿井，用一元化净水器进行处理。

8.3 应急调度

8.3.1 应急供水保障能力建设

应急调度建设方案包括应急备用水源，供水配套工程建设、监测、预警、预报，应急调度与调配能力。

(1)应急备用水源地建设。一是考虑到区域地下水富水程度，特殊干旱年可在地下水动态基本平衡的前提下，在富水水文地质区适当超采部分地下水，做到丰蓄枯用；二是考虑到黄河水和南水北调水丰枯同步频遇概率不大，因此两种外调水可以互做应急备用水源；三是在有条件地区增加引黄调蓄库、南水北调调蓄库等外调水的调蓄工程，在增加水面的同时还可以丰蓄枯用。

(2)加强水源地的水质监测。在水源保护区内治理整顿污染水质的行为，杜绝剧毒农药、限制化肥用量、禁止建设高污染企业，保护好供水水质。

(3)当出现预警状态时，加强对高污染行业的监管，确保所有企业排污稳定达标，必要时采取截流导污等应急措施；当出现应急状态时，部分高污染行业应采取限制生产、限制排水等措施，直至停产停排。同时，确保城市污水处理厂按照设计能力满负荷运行，稳定达标排放。

(4)当出现应急状态时，且短期内又未能解除应急状态，可根据现状实行限量、定时的供水办法，将人均生活用水量降低为 80 ~ 100 L/(人 · d)。同时，按不同阶段分别削减 20%、40% 的工业用水量，确保重点单位、重点企业及生活必需品生产企业用水。

8.3.2　应急供水对策

特殊干旱期的应急预案应在保障居民生活和重要产业用水的基础上,通过适当压减需水量,增加供水量的途径,保障区域供用水安全。缓解特殊干旱期缺水的对策应包括工程和非工程应急措施,制订防御特殊干旱期的预防性措施和应急对策。

8.3.2.1　预防性措施

(1)干旱监测和预报。建立和完善干旱监测和预报系统,及时掌握水资源供需状况,提高预测干旱灾害的能力。具体内容包括干旱气象监测、土壤水分监测和干旱评估预警。

(2)建立抗旱指挥系统,加强对防旱、抗旱指挥的组织和应变能力。完善抗旱服务队管理、运行、投入机制,制订完善各项抗旱应急预案,加大抗旱应急演练和培训力度,实现抗旱应急管理的良性发展、良性循环。

(3)战略性资源储备。通过分析特殊干旱期的灾害情况及当地水资源特点,研究确定设置战略性水资源储备的可能性及数量。在一般年份对地下水的开采要严格限制,到特殊干旱年可以适当启用自备井作为应急备用水源。

8.3.2.2　应急对策预案

制订不同特殊干旱期和不同干旱等级的应急对策预案,是合理利用有限的供水量,确保居民和重要部门、重要地区用水,尽量减少总体损失的一项重要工作。

1. 工程措施

根据郑州市水资源条件、规划供水结构和周边水源工程情况,应急供水条件最好的水源为外调水、自备井,加强应急供水管网、应急加压站等配套设施建设,并与常用供水管网形成有效连接,保证在特殊干旱年实现应急供水。

(1)区域外调水作为备用水源。规划水平年郑州市外调水源有黄河水、南水北调水,由于两个流域相距较远,两水丰枯同步频遇概率不大,且工程供水能力较大,因此两种外调水可以互为应急备用水源,或同时作为本地水匮乏期的应急备用水源。

(2)完善储备水源井建设。正常情况下,郑州市地下水开采量不超过地下水资源量,适当关闭的取水井可作为应急备用水井。在特殊枯水年,地下水储量相对丰富,在地下水动态基本平衡的前提下,在富水水文地质区适当超采部分地下水,保障生活和重点企业的用水需求,做到丰蓄枯用。但同时应编制备用水源井专项规划,完善配套工程,将储备水源井与自来水水厂的管网连通,一旦出现紧急事故,可立即抽取应急水源水切换到供水系统中。建立储备水源井的登记、建档、管理、维护和监督制度,确保一般年份不开采,在特殊干旱或应急情况下,按照规定程序启用。

(3)完善各分区水厂输配水管联网建设。打破区划限制,在供水配套上,合理布置各水厂间的大型连通干管,加强各水厂之间的有效连接、互为备用,优化调配供水资源,实现区域内供水设施共建共享,跨区域应急供水的安全可靠。

2.非工程措施

(1)调整用水优先次序。优先保障生活用水及重点企业的基本用水,可以适当压缩农业用水。

(2)调整供水方式。在连续枯水期要调整供水方式,必要时采取定时定量供水,以集中供水替代分散供水;集中连片受灾地区的居民生活用水采用水车送水等紧急援助措施。

(3)调整配水方式。适当调整农业作物的布局与结构,降低农业用水标准。

8.4 保障措施

8.4.1 工程(监控)措施

8.4.1.1 监控体系

对水资源调度进行有效监控是保障水量调度顺利实施的基本元素。目前,郑州市水资源调度监控体系主要包括重要水利工程监控体系、河流控制断面监控体系、取用水户取水许可监控体系。

8.4.1.2 监控站点与监控指标

郑州市水资源调度主要监控站点及监测指标见表8-1。

8.4.2 非工程(管理)措施

8.4.2.1 严格落实水资源调度责任制

全面落实水资源调度责任制,制订保障措施,建立水资源管理和考核制度,确保调度按计划执行。加强水资源统一调度,积极组织实施应急调水。通过采取实行水资源调度行政首长负责制、强化实施调度、严格断面流量控制和监督检查等措施,为经济社会可持续发展、生态环境改善提供了有力支持。定期公告水资源调度的执行情况。保障水资源的合理、公平利用。以郑州市水务管理信息系统为平台,在巩固黄河、南水北调调度能力和水平的基础上,基本建立健全颍河、贾鲁河等水量调度管理的机制和制度,实现重要支流的统一调度。

表 8-1　郑州市水资源调度主要监控站点及监测指标

序号	河流名称	测站名称	测站类型	监测内容
1	贾鲁河	中牟水文站	河流站	流量、水位、水质
2	颍河	告成水文站	河流站	流量、水位、水质
3	颍河	白沙水文站	水库站	流量、水位、水质
4	贾鲁河	尖岗水库	水库站	流量、水位、水质
5	贾鲁河	尖岗水库	水库站	流量、水位、水质
6	双洎河	新郑水文站	河流站	流量、水位、水质
7	引黄渠	孤柏嘴水文站	河流站	流量、水位、水质
8	引黄渠	邙山水文站	河流站	流量、水位、水质
9	引黄渠	花园口水文站	河流站	流量、水位、水质
10	引黄渠	岗李水文站	河流站	流量、水位、水质
11	引黄渠	中法原水水厂	河流站	流量、水位、水质
12	引黄渠	东大坝	河流站	流量、水位、水质
13	引黄渠	马渡	河流站	流量、水位、水质
14	引黄渠	柳园	河流站	流量、水位、水质
15	引黄渠	杨桥	河流站	流量、水位、水质
16	引黄渠	三刘寨	河流站	流量、水位、水质
17	引黄渠	赵口	河流站	流量、水位、水质
18	洛河	黑石关	河流站	流量、水位、水质

完善水资源调度方案,采取闸坝联合调度、生态补水、水资源置换等措施,合理安排闸坝下泄水量和泄流时段,满足河湖基本生态用水需求,重点保障枯水期环境流量。

8.4.2.2　提高水资源调度方案执行力

要严格执行水资源调度计划,落实用水总量控制,将分配的用水指标进行细化,协调生活、生产和生态用水,加强监督管理,确保按计划用水。

遵循“公正、公平、公开”的原则,建立严格的监督检查和法律责任。逐步完善对水库、主要取水口巡回监督检查的方式和内容,对违反水量调度纪律的责任人员实施行政处罚措施,对违反水量调度规定或破坏水量调度秩序的行为实施行政处罚,甚至追究刑事责任。

8.4.2.3　加强取水口水量调度监测

对应各监测站不同流量,预测分析各取水口引水能力,及时为用水户传递水情信息。加强对取水用途的跟踪与监管,继续对重要水库的重点取水口及其用水户取用水实施跟踪管理,跟踪管理情况实行月度、季度、年度统计报告制度,按时上报跟踪管理情况。加强用水计量和用水统计管理,提高取水统计精度,加强监督和管理,确保取水口依据计划水量取水。

对各取水口涉及的用水户及需水用途、规模进行全面调查,掌握用水户需水及用水的第一手资料。摸清情况之后,对非农业用水量较大,具备安装远程监测计量设施的非农业分水口,安装远程监测计量设施,实现远程监视和自动测流,达到测验数据准确可靠的要求。对非农业用水量较少,不具备安装计量设施条件的或目前没有安装计量设施的,采取灵活的运行管理机制。

8.4.2.4　加强水文预报、测报,保障水资源调度任务顺利完成

水文部门要结合气候的不断变化,研究探索水文、水资源演变的基本规律,通过科学手段提高预报精度,以便水行政主管部门根据实时水情、雨情、墒情、水库蓄水量及用水情况,对已下达的年、月(旬)水量调度方案进行调整,并下达实时调度指令。水文部分要进一步加强水文测报工作,特别是要加强控制断面的水文预报,提高预报进度。水资源保护部门要继续加强水质监测和监督管理,做好重点断面的水质监测工作。

8.5　生态水量保障机制

(1)推进郑州市西水东引工程、石佛沉砂池至贾鲁河生态供水等生态引调水工程,加大城市雨污分流改造及污水处理设施建设力度,着力推进生态补水方案、措施的规划实施。

(2)建立生态水量监测系统,实施生态水量动态监测。对市域内重要河湖设置自动监测站点,对生态水量进行动态监测,自动监测站点的设置综合考虑现状水文、水质站点,以及断面水文条件、水质状况、上下游左右岸水域功能和保护目标、设备运行维护等因素,自动监测系统的工作方式为 24 h 间歇或连续自动运行。

(3)制订生态水量调度方案和应急水量调度预案。生态水量调度方案依据批准的水量分配方案和用水总量控制指标、重要控制断面流量控制指标,在综合平衡有关取水单位的年度取水计划、水库和闸坝等工程运行计划的基础上制订,生态水量调度实行重要控制断面流量控制制度,应当满足重要控制断面流量控制指标要求。因重大节日庆典、体育赛事等重大公共活动需要,经市人民政府水行政主管部门同意后可以实施临时调度。生态水量调度执行单位应当依据下达的年度水量调度计划,合理安排取水及工程的调度运行。

制订应急水量调度预案,当发生重大水生态、水污染事故等情况,实施生态水量应急调度。当实施应急调度时,采取调整闸坝下泄流量和取水工程取水量等措施,确保重要控制断面生态流量符合规定的控制指标要求,同时应当加强生态水量的监测和预报,并及时向上级部门报告。

(4)建立健全生态补偿调度机制。以统筹区域协调发展为主线,以体制创新、政策创新和管理创新为动力,坚持"谁开发谁保护,谁破坏谁恢复,谁受益谁补偿,谁污染谁付费"的原则,因地制宜地选择生态补偿模式,不断完善政府对生态补偿的调控手段,充分发挥市场机制作用,动员全社会积极参与,逐步建立公平公正、积极有效的生态补偿机制,逐步加大补偿力度,努力实现生态补偿的法制化、规范化。

第9章 水资源管理制度和保障措施

9.1 实行最严格水资源管理制度

9.1.1 基本原则和目标

9.1.1.1 基本原则

合理开发地表水,优先利用外调水,控制开采地下水,充分利用再生水,协调好生活、生产和生态用水;建立与水资源承载能力相适应的经济结构体系,进一步推动产业优化升级和技术进步,科学调整产业结构和布局,构筑节水型产业;实行水污染物排放总量控制,强化水资源保护和水污染治理,水污染控制由末端治理为主转变为源头治理和全过程控制为主。

9.1.1.2 主要目标

建立水资源开发利用红线,严格实行用水总量控制;建立用水效率控制红线,坚决遏制用水浪费;建立水功能区限制纳污红线,严格控制入河排污总量。到2025年,全市年可供水量达到25.4亿m^3,人均水资源占有量达到185.5 m^3(包括外调水和非常规水),万元工业增加值用水量降低到10.8 m^3,管网漏损率降低到9.5%,再生水回用率达到55%,地表水水质优良率达到100%,农田灌溉水的有效利用系数提高到0.736,地下水实现采补平衡,节水型社会全面建立,现代水利基础设施网络基本建立,美丽河湖目标基本实现,基本解决郑州国家中心城市建设面临的"水瓶颈"。

到2035年,全市年可供水量达到29.7亿m^3,人均水资源占有量达到198 m^3(包括外调水和非常规水),万元工业增加值用水量降低到7.3 m^3,管网漏损率降低到8%,再生水回用率达到65%,农田灌溉水的有效利用系数提高到0.8,城乡供水得到安全保障,水生态建设引领作用明显,水环境质量优良,建立与国家中心城市建设相适应的现代化供用水格局。

9.1.2　建立水资源开发利用控制红线,严格实行用水总量控制

9.1.2.1　严格区域用水总量控制制度

建立用水总量控制指标体系,市水行政主管部门会同市发展改革部门做好优化供水布局、合理配置水资源工作,将用水总量控制指标分配到各县(区),作为各县(区)政府编制城市和行业发展规划及调整优化产业结构和布局的重要依据。国民经济和社会发展规划及城市总体规划的编制、重大建设项目的布局,要与当地水资源条件相适应。对实际用水量超过区域用水总量控制指标的县(区),新增建设项目取水通过非常规水源或水权交易解决。

9.1.2.2　严格水资源论证和取水许可制度

修编郑州市城市总体规划,应开展水资源专题研究,其他县(区)城乡总体规划、城镇总体规划应编列水资源篇章,水行政主管部门参加规划联审。各类开发区和工业园区布局规划应编制水资源论证报告或用水报告书,并报水行政主管部门审查,未经水行政主管部门审查通过的,规划审批部门不予批准规划。市水行政主管部门应会同有关部门研究制定规划水资源论证的具体管理制度。进一步严格实施建设项目取水许可制度,需取水的新建、改建、扩建建设项目取水许可纳入联合审批。直接取用地表水、地下水的,在项目可行性研究阶段应编制水资源论证报告;取用公共自来水的,在项目可行性研究阶段应编制用水报告书,报水行政主管部门审查。未依法开展和完成水资源论证(用水报告书)工作或未经水行政主管部门审查通过的,投资主管部门不予审批和核准建设项目,对擅自开工建设或投产的建设项目一律责令停止。

9.1.2.3　强化深层地下水禁采和限采

战略储备地下水资源,核定地下水超采区,强化深层地下水禁采和限采,实行控制地面沉降预审和"一票否决制"。禁采区原则上不再新批地下水取水许可,不再增加取水许可总量,现有地下水取水许可证到期后原则上不再换发新证,原有机井由产权单位进行封存或回填。上述区域所在县(区)人民政府要研究制定水源转换的优惠政策,充分发挥现有地表水厂供水能力,加大非常规水源利用力度。在上述区域内使用地下水的用户必须达到节水型企业(单位)标准。

9.1.2.4　加强地热水开发利用的管理

取用地热水的单位和个人,应依法向市水行政主管部门办理取水许可证,凭取水许可证向资源规划部门办理采矿许可证;开发地热水用于供热的,还应征求市供热办意见。严格勘探井管理,任何单位和个人不得由勘探井取水用

于勘探以外。严格控制消耗型取用地热水项目,取用地热水供热的应严格回灌,基本达到采灌平衡。地热水用水户要严格按取水许可批复的开采限量和用途取用水,不得擅自改变用途。对地热水用水户实行计划用水管理,对超计划用水实行累进加价制度。

9.1.2.5　加强地源热泵系统凿井和取用水管理

建设地下水地源热泵系统的,应依法办理取水许可证;建设竖直地埋管地源热泵系统需要凿井的,应经水行政主管部门批准后进行施工。市水行政主管部门应制定地源热泵取用水技术标准。地源热泵系统工程在运行过程中,回灌水不得影响地下水水质,回(扬)水应充分利用,不得直接排放。取水单位和个人应当采取必要的措施,保证地下水地源热泵系统灌采比不低于95%,冬夏两季取用的冷热量达到平衡。地源热泵系统操作人员应参加相应岗位技术培训。

9.1.2.6　充分利用再生水

电力、冶金、化工等高耗水行业的新建、改建、扩建建设项目应优先使用再生水,城市再生水供水管网覆盖范围内可使用再生水的用水户应优先使用再生水。大力发展再生水用于农业和生态,各县(区)应配套建设再生水回用设施,已建成的城市污水集中处理工程无再生水回用设施的,要制订回用规划和计划并组织实施。市财政部门要研究制定再生水回用农业和生态的补贴政策,促进再生的水大规模利用。

9.1.2.7　严格水资源有偿使用制度

依法加强水资源费征收管理,严格按照规定的征收范围、对象、标准和程序进行征收,确保应收尽收,任何单位和个人不得擅自减免、缓征或停征水资源费。使用地下水的区域应严格执行市价格主管部门制定的水资源费征收标准,各县(区)价格主管部门不得另行制定标准。

9.1.3　建立用水效率控制红线,坚决遏制用水浪费

9.1.3.1　完善节水体制机制建设

要切实履行节水管理责任,健全三级节水管理网络。建立节水激励机制,对企业实施节水技术改造、购置节水产品的投资额,按一定比例实行税额抵免;对实现废水“零排放”的企业,减征污水处理费;鼓励农业节水,市有关部门和县(区)人民政府应对农业节水项目优先立项,并视情况给予贷款贴息支持。继续推进节水型县(区)、节水型企业(单位)、节水型社区、节水型校园等

载体的创建,建成一批规模化、高水平的节水载体。

9.1.3.2　落实建设项目节水设施"三同时"制度

要严格落实建设项目节水设施"三同时"制度,节水设施应与主体工程同时设计、同时施工、同时投入使用。制定建设项目节水设施技术标准,新建、改建、扩建建设项目应严格执行节水设施技术标准。项目设计未包括节水设施的内容、节水设施未建设或没有达到技术标准要求的,不得擅自投入使用。相关部门按照职责分工,做好建设项目设计、施工、验收环节节水设施"三同时"制度的落实工作,市水行政主管部门做好监督工作。

9.1.3.3　加快推进节水技术改造

加强节水新技术、新工艺、新设备、新产品的推广应用,特别是对化工、冶金、纺织、印染等高耗水行业开展节水技术改造,推广循环用水、串联用水、非常规水利用、"零排放"等节水技术。加强城市公共用水管理,淘汰公共建筑中不符合节水标准的用水设施及产品。研究制定节水产品市场准入政策和节水认证标志制度,各经销商应销售有节水标志的产品,使用财政性资金的建设项目应按规定对用水器具实行政府采购。研究建立节水型产品财政补贴制度,引导社会公众使用节水型产品。加大农业灌区节水改造力度,推广污水处理回用灌溉农田技术。

9.1.3.4　严格公共供水节水管理

水生产企业应当采用先进制水技术,减少制水水量损耗。供水企业应加强对供水管网的维护管理,建立完备的供水管网技术档案,制订管网改造计划,逐步对漏失严重的管网和老旧管网进行改造,降低管网漏失率。供水企业管网漏失率、供水产销差率和水生产企业生产自用水比率应当符合国家和郑州市规定的标准。

9.1.3.5　严格计划用水管理

市水行政主管部门组织制定、完善主要用水行业用水定额,加强重点用水单位节水监督管理。各级节水管理部门应强化主要用水户的水平衡测试管理,严格用水户计划用水管理,实行超计划累进加价制度。新建、改建、扩建建设项目取用公共自来水的,办理用水计划指标时应提交建设项目用水报告书。对未取得用水计划指标的非居民生活用水户,供水企业不得供水。

9.1.3.6　逐步提高水的商品化率

加快农业用水计量设施建设,推进农业用水计量收费。加强设施农业取用水管理,新建设施农业必须建设用水计量设施,已有设施农业要逐步补建用水计量设施。市价格主管部门应当会同有关部门研究设施农业水资源费征收标准,探索对限额以上用水户适时开征水资源费。

9.1.4 建立水功能区限制纳污红线,严格控制入河排污总量

9.1.4.1 严格水功能区监督管理

水功能区实行分级、分区域管理及水量水质统筹管理,市水行政主管部门会同市环保行政主管部门和各县(区)人民政府划定各水功能区的县(区)控制边界,将县(区)控制边界水量水质监测数据作为各县(区)水资源管理和水污染防治实施情况考核的依据。市水行政主管部门按照水功能区水质目标要求,科学确定水域纳污能力,并向市环保行政主管部门提出限制排污总量意见;市环保行政主管部门和各县(区)人民政府要将限制排污总量作为水污染防治和污染物减排工作的重要依据。

9.1.4.2 严格入河排污口监督管理

严格入河排污口审批管理,强化入河排污口设置论证制度。在水功能区保护区内已设置的入河排污口,由县(区)人民政府立即予以全部封堵或拆除;在水功能区开发利用区的饮用水源区内已设置的入河排污口,由县(区)人民政府限期予以全部封堵或拆除。加强对全市主要入河排污口的监督性监测,对上一年度污染物入河量超出水功能区限制排污总量的县(区),停止或限制审批新增取水和新建、扩建入河排污口,停止审批新增水污染物排放量的建设项目环境影响评价。

9.1.4.3 加强饮用水水源保护

建立饮用水水源地核准和安全评估制度,公布集中式饮用水水源地名录。划定饮用水水源保护区范围,严格执行饮用水水源保护区各项管理制度,制订突发性事件应急处置预案。全面落实城市饮用水水源地安全保障规划,推进农村集中式饮用水水源地保护,建立和完善水源地水量水质监测体系,建立信息通报制度。城市公共供水水源厂应参照饮用水水源地进行管理和保护。

9.1.4.4 加强对重要河湖、湿地的水生态保护

鼓励合理利用再生水、雨洪水等非常规水资源实施河湖、湿地补水;在城市景观河道,因地制宜地推广、实施生物床等人工净化措施,定期实施人工增殖放流,恢复河流自我净化修复能力;定期监测、评估全市重要湖泊生态水位水量保障情况,开展重要河湖健康评估工作。

9.2 保障措施

9.2.1 建立水资源管理责任和考核制度

各市、县(区)政府和各开发区管委会是实行最严格水资源管理制度的责任主体,政府主要负责人对本行政区域水资源管理和保护工作负总责。各市、县(区)政府和各开发区管委会要结合当地实际,制订本行政区内实行最严格水资源管理制度实施方案。市政府每年对各市、县(区)政府和各开发区管委会落实最严格水资源管理制度情况进行考核,市水利局会同有关部门具体组织实施。考核结果向社会公布,并作为对领导班子和领导干部综合考核评价的重要依据。

加强部门协调联动。水利、发展改革、工信、财政、资源规划、生态环境、城建、农业、审计、统计等部门按照职责分工,各司其职,密切配合,形成合力,共同做好最严格水资源管理制度的实施工作。

9.2.2 健全水资源监控体系

建立全市水资源、水环境承载能力监测评价体系。实施承载能力监测预警,对超过承载能力的地区实施水污染物削减方案,加快调整发展规划和产业结构。

加强取水、排水、入河湖排污口计量监控设施建设,建设全市范围内水资源管理系统,加快应急机动监测能力建设,全面提高监控、预警和管理能力,及时发布水资源公报等信息。

9.2.3 完善水资源管理投入机制

要拓宽投资渠道,建立长效、稳定的水资源管理投入机制,保障水资源节约、保护和管理工作经费,对水资源管理系统建设、节水技术推广与应用、地下水超采区治理、水生态系统保护与修复、水量水质监测等给予重点支持。市财政加大对水资源节约、保护和管理的支持力度,将市水资源管理机构工作经费纳入市级财政预算。各市、县(区)政府和各开发区管委会财政加大对水资源节约、保护和管理的支持力度,将行政区内水资源管理机构工作经费纳入本级财政预算。推广 PPP 模式,鼓励和吸引社会资本参与水资源配置和水环境保护项目。

9.2.4 健全政策法规和社会监督机制

完善水资源配置、节约、保护和管理等方面的政策法规体系。广泛开展基本水情宣传教育,强化社会舆论监督,进一步增强全社会水忧患意识和水资源节约保护意识,形成节约用水、合理用水的良好风尚。大力推进水资源管理的科学决策和民主决策,完善公众参与机制,采取多种方式、听取各方面意见,进一步提高决策透明度。对在水资源节约、保护和管理中取得显著成绩的单位和个人给予表彰奖励。

参考文献

[1] 王浩,王建华. 中国水资源与可持续发展[J]. 中国科学院院刊,2012,27(03):352-358,331.

[2] 左其亭,李可任. 最严格水资源管理制度理论体系探讨[J]. 南水北调与水利科技,2013,11(01):34-38,65.

[3] 张建云,贺瑞敏,齐晶,等. 关于中国北方水资源问题的再认识[J]. 水科学进展,2013,24(03):303-310.

[4] 高亮,张玲玲. 最严格水资源管理制度下区域水资源优化配置研究[J]. 辽宁农业科学,2014(03):14-18.

[5] 田景环,刘林娟. 区域水资源多目标优化配置方法研究[J]. 人民黄河,2013,35(04):29-31.

[6] 吕睿. 浅谈我国水资源保护[J]. 黑河学刊,2017(01):1-3.

[7] 王浩,游进军. 中国水资源配置 30 年[J]. 水利学报,2016,47(03):265-271,282.

[8] 陈太政,侯景伟,陈准. 中国水资源优化配置定量研究进展[J]. 资源科学,2013,35(01):132-139.

[9] 温建雄. 分析最严格水资源管理制度背景下水资源配置情况[J]. 河南水利与南水北调,2019,48(02):38-39.

[10] 王俊文. 北京市水资源统一调度平台建设与运行思考[J]. 北京水务,2019(01):11-14.

[11] 代大强,黄玲. 中国水资源合理配置的现状和未来发展路径[J]. 河南水利与南水北调,2019,48(10):61-62.

[12] 李佳伟,左其亭,马军霞,等. 面向现代治水新思想的水资源优化配置模型及应用[J]. 水电能源科学,2019,37(11):33-36.

[13] 杨芬,王萍,王俊文,等. 缺水型大城市多水源调配管理技术体系与方法研究[J]. 水利水电技术,2019,50(10):53-59.

[14] 敬娜. 水资源开发利用与城市水源规划分析[J]. 黑龙江水利科技,2018,46(10):100-101.

[15] 左其亭. 水生态文明建设几个关键问题探讨[J]. 中国水利,2013(04):1-3,6.

[16] 王建华,姜大川,肖伟华,等. 水资源承载力理论基础探析:定义内涵与科学问题[J]. 水利学报,2017,48(12):1399-1409.

[17] 秦天玲,严登华,宋新山,等. 我国水资源管理及其关键问题初探[J]. 中国水利,2011(03):11-15.

[18] 杨明祥,蒋云钟,田雨,等. 智慧水务建设需求探析[J]. 清华大学学报(自然科学版),2014,54(01):133-136,144.

参考文献